U0338289

流程工业建筑物风险评估指南

——外部爆炸、火灾及有毒物质泄漏(第二版)

Guidelines for Evaluating Process Plant Buildings for External Explosions, Fires, and Toxic Releases, Second Edition

〔美〕Center for Chemical Process Safety 著
袁小军 安佰芳 郭小娟 江琦良 译
鲁 毅 校

中国石化出版社

内 容 提 要

本书为翻译图书，原文是 CCPS 过程安全导则丛书之一。本书基于 API RP-752 及 API RP-753，为流程工业建筑物的选址评估提供了一个广泛适用的分析指南。主要内容包括：建筑物选址评估的工作范围，建筑物选址评估标准，爆炸、火灾及有毒物质泄漏的潜在后果分析方法及风险评估方法，风险管理及风险削减方法等。

本书在介绍评估方法的同时，举例说明了不同方法的评估过程及优缺点；能帮助业主单位编制更适合于本公司风险管理的建筑物选址评估执行程序，也可指导工程公司及咨询评估单位完善 QRA 分析流程和执行细节。

著作权合同登记　图字：01-2015-6219 号

Guidelines for Evaluating Process Plant Buildingsfor External Explosions, Fires, and Toxic Releases, Second Edition
By Center for Chemical Process Safety(CCPS), ISBN:9780470643679

图书在版编目(CIP)数据

流程工业建筑物风险评估指南:外部爆炸、火灾及有毒物质泄漏:第 2 版/美国化工过程安全中心编著;袁小军等译.—北京:中国石化出版社，2017.1
书名原文：Guidelines for Evaluating Process Plant Buildings for External Explosions, Fires, and Toxic Releases, Second Edition
ISBN 978-7-5114-4325-0

Ⅰ.①流… Ⅱ.①美… ②袁… Ⅲ.①工业建筑-建筑物-风险评价-指南 Ⅳ.①TU27-62

中国版本图书馆 CIP 数据核字(2016)第 275088 号

中国石化出版社出版发行
地址:北京市朝阳区吉市口路 9 号
邮编:100020　电话:(010)59964500
发行部电话:(010)59964526
http://www.sinopec-press.com
E-mail:press@sinopec.com
北京富泰印刷有限责任公司印刷

*

710×1000 毫米 16 开本 10.75 印张 190 千字
2017 年 1 月第 1 版　2017 年 1 月第 1 次印刷
定价:68.00 元

目　录

插图清单

表格清单

致　　谢

美国化学工程师学会(AIChE)和化工过程安全中心(CCPS)衷心地感谢与感激参与编撰本书第二版的所有成员，以及CCPS会员公司提供的技术支持和杰出贡献。AIChE和CCPS也感谢贝克工程技术咨询有限公司的团队和项目经理，他们在昆汀·贝克先生的指导下，贡献了他们的时间和专业知识，保证本书能够满足行业需求。

《流程工业建筑物风险评估指南——外部爆炸、火灾及有毒物质泄漏(第二版)》附属委员会成员

韦恩·加兰，主席	伊士曼化工公司
格伦·A. 彼得	空气化工产品公司
拉尔夫·霍奇斯	拜耳材料科学(已退休)
基兰·J. 格林	BP(英国石油公司)
罗宾·皮布拉多	挪威船级社(美国)有限公司
菲利普·N. 帕特里奇三世	
托马斯·C. 舍琶	杜邦公司
克利斯·布奇华	埃克森美孚化工公司
克利斯·吉雅西	朗盛公司，德州奥林奇
拉里·O. 鲍勒	沙特基础工业公司
约翰·奥尔德曼	怡安风险咨询公司

CCPS 员工顾问：艾德里安· L. 瑟泊哒

CCPS 感谢贝克工程技术有限公司的咨询团队付出的诸多贡献，特别要感谢贡献杰出和创新成果的主要作者，他们是：昆汀·贝克，雷蒙得·贝内特和迈克尔·慕斯迈勒，以及做出技术贡献的嘉廷·沙阿和约翰·伍德沃德。还要感谢豪斯·莫伊拉的专业编辑技术，将所有书稿整合到一起，以及乔安娜·苏宝特科对整个项目的管理支持。

所有 CCPS 书籍出版前都要经过一次全面的同行评审过程。CCPS 非常感激评审员在评审过程中投入的时间和专业知识，感谢他们给出的意见与建议。他们的工作成果和观点提高了该系列指南的准确性、清晰性和重要性。

同行审稿人：	公司：
戴尔·E. 德雷斯尔	美诺公司
威廉(斯基普)·厄尔利	厄尔利咨询公司
罗恩·佩特伊特，CSP	伊士曼化工公司，得州工厂
唐·肯纳利	BP 公司
#1	保密
#2	保密

术　语

事故：意外发生并导致不良后果的单个事件或连续事件。

急性：单个，短期暴露(少于24小时)。

总体风险：有人建筑中所有现场人员的社会风险值(API 752)。

爆炸冲击：爆炸点周围气体密度、压力、空气流速的瞬间变化。初始变化可能是间断性的，也可能是平缓渐进性的。间断性的变化体现为冲击波，渐变性的变化体现为压力波。

爆炸载荷：爆炸冲击波作用在结构或物体上的载荷，可以通过压力和持续时间来描述。

BLEVE(沸腾液体膨胀蒸气云爆炸)：易燃或其他液体在高于其常压沸点的环境温度下，从压力容器内瞬间带压泄放，液体迅速蒸发膨胀并释放能量。由于外部火灾导致容器失效，可燃液体泄漏并迅速泄压，BLEVE通常会形成一个火球。蒸气云闪燃释放的能量可能形成冲击波。

建筑物：坚固的、封闭的结构。

建筑物选址评估：该程序用于评估新建建筑物可能存在的危害并确定设计标准，也可用于评估已建建筑物的位置是否合适。

建筑物地理位置风险：一个人在特定建筑物内24小时/天、365天/年的风险。

可燃：物质的燃烧特性。

限制：能够在一维或多维阻止未燃气体及火焰前缘移动的固体表面。

阻挡：在火焰路径上使火焰形成紊流的阻碍物。

后果：事件造成的不期望发生的结果，一般通过健康和安全影响、环境影响、财产损失和生产中断损失来衡量。对于建筑物选址，后果指的是爆炸、火灾或毒性物质泄放造成的建筑物损毁及人员伤害。后果描述可以是定性或定量的。

基于后果的方法：建筑物选址的评估方法，仅考虑爆炸、火灾和毒性物质泄漏的影响，不考虑事件发生频率。

爆燃：物质化学反应由前端向未反应物质以亚音速快速传播。

爆轰：物质化学反应由前端向未反应物质以音速或超音速快速传播。

基本人员：需要在建筑物内或工艺区域附近从事特定操作及后勤活动的人员。

爆炸：能够引起冲击波的能量释放。

易燃性：与空气或氯气等气态氧化物混合后能被点燃并产生火焰的物质特性。易燃气体包含可燃或易燃液体在高于闪点时产生的蒸气。

火焰速度：相对于固定点，火焰在可燃气体及空气混合物中的传播速度，火焰速度是火焰扩散速度和未燃烧气体平移速度的和。

点燃极限：能使可燃物与氧化剂均匀混合物点燃的最高和最低可燃物浓度。

频率：单位时间内事件发生的次数。

F-*N* 曲线：表示累积频率与后果(死亡人数)对应关系的曲线图。

危害：固有的物理或化学性质(例如，易燃性、毒性、腐蚀性、储存化学能或机械能等)，可能对人员、财产或环境造成伤害。

HVAC：取暖、通风和空调。

冲击：用于衡量冲击波的破坏能力，通过压力—时间曲线计算求得。

事件：意外发生的事，可能导致不希望的后果。

个体风险：处于危害事件周边区域某个人员的风险，包括对个体的人身伤害、伤害发生的可能性以及伤害可能发生的时间段。

LFL 燃烧下限：可燃物在空气中能够被点燃的最小浓度值，也可称之为爆炸下限(LEL)。低于燃烧下限的混合物可用“贫”来形容。

查表法：参见“间距表方法”。

MCE(最大可置信事件)：主要评估场景中，预设的那些可能对建筑内人员造成最严重后果的爆炸、火灾或中毒事件。考虑到化学品、储存物料、设备与管道设计、操作条件、燃料反应活性、工艺单元构造、历史工业事故以及其他因素的存在，这些主要场景可能发生并具有合理的发生概率。每栋建筑可能有其特定的最大可置信事件——爆炸、火灾或毒性物质泄漏。

变更管理：区别于同类更换，在对设备、程序、原料和工艺条件等进行调整前，用于识别、审核和批准的管理体系。变更管理是“美国职业健康安全管理局(OSHA)”过程安全管理(PSM)规范中的一个要素。

人员伤亡率：若特定事件发生，建筑内人员可能遭受伤亡的比例。伤亡等级可根据人员伤亡率模型确定。

现场人员：出现在现场的员工、承包商、参观者、服务商及其他人员。

超压：任何由爆炸引起的高于大气压的压力。

永久性建筑：在固定位置永久使用的坚固结构。

移动性建筑：可随设备轻易移至其他位置的坚固结构。

概率：用于描述一段时间内某个事件或某系列事件发生的可能性。表示概率的数必须在0~1范围内。

工艺区：包含工艺处理或物料存储设备(如，管道、泵、阀门、容器、反应器及支撑结构)的区域，具有潜在的爆炸、火灾或毒性物质泄漏风险。

Probit：即“Probit模型”。

PSM(过程安全管理)：用以保证化工过程设施安全的涉及管理原则和分析方法的程序或行为。有时被称为过程危害管理。每条原则通常被称为过程安全的“要素”或“组成部分”。可参考“美国职业健康安全管理局(OSHA)”过程安全管理(PSM)规范29 CFR 1910.119。

定性：主要通过历史经验和工程判断来对危害、后果、可能性或风险等级等进行描述和对比，不包含定量描述。

QRA(定量风险评估)：基于工程评估和数学方法，将与设备或操作相关的潜在事故的发生频率和/或后果进行数值化并进行系统评估的一种方法。

反射压力：物体经冲击波作用的反向冲击或反向压力。

基于风险的方法：用于建筑物选址评价的一种定量风险评估方法，同时考虑爆炸、火灾或毒性物质泄漏的后果和频率值。

基于风险的检验：一种关注工艺设施中承压设备的物料损失风险评估及其管理程序。主要通过设备检验来对风险进行管理。

场景：非预期的导致损失或其他影响的事件或连续事件，包含连续事件中安全保障措施的生效或失效。

半定量：对后果、可能性和风险等级在一定程度上进行定量分析的一种风险分析方法。

就地避难：能够使受难个体迅速在就近位置避难的设施，一般为可以防止外部有害物进入并关闭所有 HVAC 系统的单个封闭区域(比如一个房间)。

侧面压力：冲击波经由物体产生的冲击和压力。

间距表方法：使用已有间距表来确定设备和有人值守建筑物之间的最小间距。行业团体、保险协会、监管部门和业主/运营商基于其经验，制定了建筑最小防火间距表。

毒性物质：可在空气中传播并对人体健康造成不良影响的物质。

蒸气云爆炸：可燃蒸气云、气云或雾云被点燃后，火焰速度加速至足够高而产生超高压力的爆炸。

1 绪论

化工过程行业中的灾难性事故虽然罕见，一旦发生就会对建筑物及其相邻过程设备造成影响。通过实施过程安全管理，可以有效降低与危险物料相关的重大事故发生的可能性。CCPS 在《Guidelines for Technical Management of Chemical Process Safety》一书中特别指出：

> 随着化工过程行业提出更成熟的过程安全的方法，我们见证了安全管理系统对过程安全工程活动的促进作用。化工过程安全管理系统通过综合一整套政策、程序以及设计实践，确保重大事故的保护措施都已到位、可用和有效。化工过程安全管理系统的作用就是将这些政策、程序和实践活动全面整合到一起，并将过程安全的理念融入到与操作相关的每一个人的行为中——从普通操作人员到公司管理层。

过程安全管理系统确保过程装置在设计、施工、操作和维修阶段能够合理地控制而避免发生重大事故。尽管有了这些预防措施，工艺装置区附近建筑物内工作人员仍处于重大风险中。事实上某些建筑物在设计或建造时未采用防爆设计并会遭受严重破坏，一旦发生爆炸受到爆炸载荷影响时，此类建筑物往往最先倒塌。损毁的建筑物进而导致人员重伤甚至死亡。经验表明，在同等量级的爆炸中，位于室外并远离此类建筑物的人员，其伤亡率较低。而室内人员在强制或自然对流通风的情况下会暴露于有毒气体环境或是建筑物附近火灾引起的热辐射环境。

工业协会和保险公司建议制定建筑物设计和选址指南，作为人员保护的安全措施。由于现行的标准无法广泛适用于所有工业领域，也无法保证风险等级的一致性。因此，化工过程行业认识到为有人值守建筑物的设计和选址提供统一方法的必要性。该指南还应对所涉及行业范围具有实践性和适用性，并要考虑到特殊装置的特定操作和工艺条件。

本书的目的是对可能发生外部爆炸、火灾和有毒物质泄漏的建筑物选址评估提供指导。与本书第一版同时发行的还有美国石油协会（API）推荐规程（PR）752 初版，1995 年发行，“Management of Hazards Associated with Location of Process

Plant Permanent Buildings”。2007 年，API 发布关于临时建筑物选址的推荐规程：“API RP-753：2007 Management of Hazards Associated with Location of Process Plant Portable Buildings”。API RP-752 于 2009 年 11 月发布最新版本，较旧版有了较大改动。本书已根据 API RP-753 和新版的 API RP-752 进行了相关内容的更新，并将在建筑物选址评估的所有阶段发挥更大的指导作用。

API RP-752 在 1995 初版中对建筑物选址评估构建了一个三级框架，其中包含在选址评估中筛选建筑物的数据化的占用率等级标准的相关示例，以及一些简化的后果和风险分析数据。API RP-752 在 2009 年版转变为一个选址评估的管理流程，并删除大部分技术性内容。API RP-753 发表之后，API RP-752 就删除了临时建筑的内容。并且 API RP-752 将规定范围明确为固定地点的新建和已有的刚性结构永久建筑。因此，帐篷、编织物棚罩等其他柔性建筑物不在 API RP-752 范围之内。

API RP-752：2009 和 API RP-753：2007 为建筑物选址评估建立了一套指导性原则。API RP-753 与 API RP-752 相似，其目的是进一步完善适用于临时建筑的指导原则。API RP-752 的指导原则如下：

- 保证操作安全有效前提下，操作人员尽量远离工艺区；
- 最小化临近工艺区内的建筑物人员暴露概率；
- 管理临近工艺区建筑物的人员暴露概率；
- 设计、建造、安装、变更和维护建筑物时，如发生爆炸、火灾和有毒物质泄漏工况，应考虑人员停留期间的相关保护措施；
- 装置在设计、建造、维护和操作期间，应将建筑物人员暴露概率作为装置整体的一部分进行管理。

图 1.1 描述了 API RP-752 和 API RP-753 的关系。API RP-752 和 API RP-753 的相关要求可能涉及相关防爆型模块化建筑物(BRM)。这取决于 BRM 的设计用途。在固定地点设置的属于永久设施的防爆型模块化建筑物(BRM)，这是 API RP-752 规定范围，所有临时性建筑构应用则属于 API RP-753 规定范围。在本书涵盖了永久和临时这两种形式，并为这两个 API 推荐规程提供分析方法。

API RP-753 中提出了在确定条件下临时建筑物内的人员限制条件。当建筑物完成详细的危害分析后，才允许必要的工作人员接近临时建筑或进入生产装置(API RP-753 Zone 1)。API RP-752 并无此类关于永久性建筑物人员出入限制条件，但规定对所有有人值守建筑物都必须进行详细的爆炸危害分析。

本书在 API RP-752 和 API RP-753 规定基础上建立建筑物选址标准。所以读者在浏览本书前应首先阅读 API RP-752 和 API RP-753 推荐规程相关内容。本书为建筑物选址评估过程各环节提供指导性意见。本书有关指导性意见仅供参考，包括 CCPS 书籍。

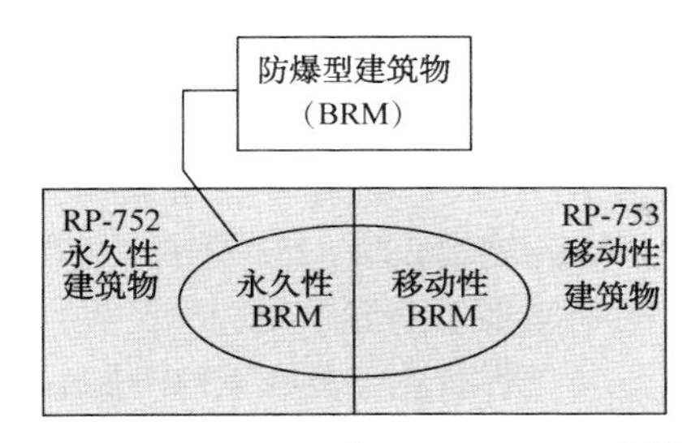

图 1.1　API RP-752 与 API RP-753 的关系

本书引用了各种各样的技术和过程安全管理案例，案例相关问题详细的探讨超出了本书范围，读者可以参考 CCPS 出版物查阅相关信息。尤其是下列书籍：

• Guidelines for Technical Management of Chemical Process Safety (CCPS, 1989a)

• Guidelines for Hazard Evaluation Procedures, Third Edition, with worked examples(CCPS, 2008b)

• Guidelines for Chemical Process Quantitative Risk Analysis(CCPS, 2000)

• Guidelines for Vapor Cloud Explosion, Pressure Vessel Burst, BLEVE and Flash Fire Hazards(CCPS, 2010)

• Guidelines for Use of Vapor Cloud Dispersion Models(CCPS, 1987)

• Guidelines for Vapor Release Mitigation(CCPS, 1988)

• Guidelines for Facility Siting and Layout(CCPS, 2003a)

• Guidelines for Developing Quantitative Safety Risk Criteria(CCPS, 2009b)

• Guidelines for Fire Protection in Chemical, Petrochemical, and Hydrocarbon Processing Facilities(CCPS, 2003b)

• Guidelines for Risk Based Process Safety(CCPS, 2007)

下列书籍亦可参考：

• U. S. Army, "Structures to Resist the Effects of Accidental Explosions"(U. S. Army, 1991)

• American Society of Civil Engineers, Design of Blast Resistant Buildings in Petrochemical Facilities(ASCE, 2010)

• American Society of Civil Engineers, *Structural Design for Physical Security* (ASCE, 1999)

• "Single Degree of Freedom Structural Response Limits for Antiterrorism Design,"(U. S. Army COE, 2006)

1.1 目的

本书基于API RP-752和RP-753，为过程装置建筑物的选址评估提供一种切实可行的方法论。需要注意，API RP-752和RP-753对于永久和临时建筑物分别提供了选址评估流程。然而推荐规程中不包括执行建筑物选址评估的具体技术方法。

新版API RP-752中要求，所有在OSHA PSM法规(29 CFR 1910.119)适用范围内的永久有人建筑物均须进行建筑物选址评估。本书所涉及分析方法不限于US OSHA PSM法规适用范围内设施，也适用于业主/运营商期望评估的任何建筑物。实际上，其他国家有关法规可能与美国有所不同。本书仅适用于陆上设施，且不得应用于现存海上设施。API RP-753对于临时建筑的详细分析也有类似要求，但是采用保守的简化方法，计算分析蒸气云爆炸(VCE)影响范围，其范围之外的临时建筑则不做规定。尽管API RP-753中的简化分析方法也需要用明确的现场数据根据工艺设备受限体积来计算选址距离。

本书提供的建筑物选址评估方法，针对爆炸、火灾和有毒物质对过程装置建筑物及值岗工作人员造成的危害以及对建筑物外部操作产生的影响。

本书不包括以下几类危害：

- 自然危害；
- 恐怖袭击；
- 遭受火灾和有毒物质影响的非现场人员和位于开放区域的现场人员；
- 蔓延相对缓慢的次生危害或连锁效应，人员有充足时间撤离建筑物。

1.2 建筑物选址评估流程

本书围绕API RP-752规程中建筑物选址评估过程展开，如图1.2所示。推荐读者在实施或审核建筑物选址评估前完整阅读本指南。每个步骤后面的括号里已给出所对应的章节。

1.3 方法选择

建筑物选址应首先选择遵循的方法，建筑物选址分析方法应基于后果或风险，详见章节2.1.3。基于后果的方法不考虑爆炸、火灾或有毒物质泄漏场景的发生频率。当然，分析也仅限于对预设场景可能造成的损坏或伤害进行计算。基于风险的分析则会考虑一系列场景及各场景的发生频率。建筑物内人员风险是所有对建筑物造成影响的场景的风险总和。

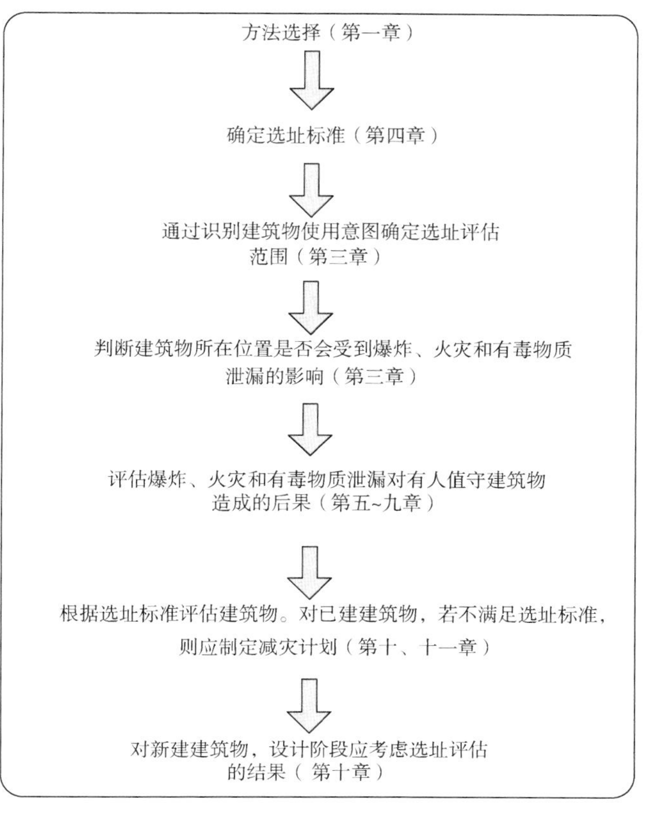

图 1.2　建筑物选址评估流程

1.4　背景

以往事故的经验教训促进了建筑物选址评估方法的进步，从而更加准确地评估过程装置建筑物及建筑物内人员的风险。表 1.1 列出了过程装置建筑物发生过的重大事故及事故中建筑内人员死亡数。

表 1.1　工艺装置建筑物事故节选

日期	位　　置	伤亡人数	事件描述
1996	墨西哥，恰帕斯州，卡图斯(Cactus，Chiapas Mexico)	7 (建筑物内 2 人)	维修时，一个阀门在法兰螺栓紧固之前误开，导致 LPG 泄漏。可燃气体蒸气云充满了整个气化单元，以及半个相邻单元

续表

日期	位　置	伤亡人数	事件描述
2001	图卢兹，法国(Toulouse，France)	29 (厂内28人，厂外1人)	一大型仓库里，库存不合格硝酸铵晶体发生爆炸。波及仓库内大约400t物品
1993	尼尔港，洛瓦(Port Neal，lowa)	4 (均处在建筑物外)	一台硝酸铵反应器在临时停车中发生反应失控。硝酸铵工厂大量储罐被气流和爆炸碎片损坏。氨气和硝酸蒸气导致了人员伤亡
2007	杰克逊维尔，佛罗里达州(Jacksonville Florida)	4 (建筑物内2人)	甲基环戊二烯三羰基锰反应失控，未充分冷却导致压力和温度失控最终造成反应器爆炸。爆炸后，内部物质被点燃造成火灾
1992	法国，拉米德(海勒，1993)La Mede，France(Heller，1993)	6 (大部分在建筑物内)	催化裂化单元气体反应部分的LPG发生泄漏导致爆炸，炸毁整个单元和附近的控制室
1992	英国，卡斯特尔福德 Castleford，England(HSE，1994)	5 (建筑物内2人)	维护过程中，热不稳定硝基甲苯残留物过热分解。失控反应引发喷射火焰，毁坏整个木质结构控制室
1988	路易西安纳州，诺克(黑格，1988)Norco，Lousiana(Hagar，1988)	7 (建筑物内6人)	流化床催化裂化单元因腐蚀引起丙烷泄漏，导致爆炸毁坏控制室。控制室内及其附近有六套设备直接受损，第7套设备因砖墙倒塌受损
1978	得克萨斯州(戴文波特市，1986)Texas City，Texas(Davenport，1986)	7 (建筑物内人数未知)	异丁烷球罐在换管操作时满罐超压。球罐在有缺陷焊缝处破裂，异丁烷泄漏并被点燃后射回球罐。球罐完全损坏且形成一个巨大火球。附近的LPG储罐相继发生沸腾液体膨胀引发蒸气云爆炸。2mile(3.2km)之外的玻璃窗受损破碎。260mile(80m)范围内砖石结构控制室被飞射出的碎片破坏
1978	科罗拉多洲，丹佛市(勒努瓦，1993；加里森，1998)Denver，Colorado(Lenoir，1993；Garrison，1998)	3 (建筑物内无人)	工艺装置区聚合单元发生丙烷泄漏，导致爆炸毁坏整个装置单元。抗爆结构控制室仅位于爆炸中心98ft(30m)处，受损程度较小

续表

日期	位　　置	伤亡人数	事件描述
1975	荷兰，贝克（马歇尔，1987）Beek，The Netherlands（Marshall，1987）	14（建筑物内6人）	丙烯泄漏导致爆炸，继而引起更严重的爆炸和火灾使整个控制室受损。所有控制和工艺参数记录都丢失
1970	新泽西州，林登（勒努瓦，1993；加里森，1998）Linden，New Jersey（Lenoir，1993；Garrison，1988）	0	一个操作压力为2500psig（170bar）的加氢裂解反应装置因局部过热导致爆炸。爆炸影响半径超过900ft（275m），临近装置的建筑物顶部坍塌。其他单元则通过抗爆结构控制室操作而安全停车，因此造成影响较小
1966	魁北克，蒙特利尔（加里森，1988）Montreal，Quebec（Garrison，1988）	9（所有人均在建筑内或附近）	苯乙烯从聚合反应器破裂处与破裂玻璃视镜处泄漏，在建筑物内外形成蒸气云笼罩了整个反应器。后续爆炸摧毁了一座三层反应器的建筑物，一个仓库，一个门卫室和一个车库

通过上述发生在科罗拉多州丹佛及新泽西州林登的事故可以看出，通过对有人建筑物恰当的设计和选址可以明显减少建筑物内人员死亡风险。

针对在有人值守建筑物发生的事故，首要考虑的是建筑物内人员受到生命威胁的可能性。此外，安装了重要控制设备和重要装置的建筑物，其合理的设计和选址也能减少间接安全危害（例如：过程控制失效或无应急响应能力）、生产中断成本和财产损失。

以下案例进一步说明未采用防爆设计的建筑物会对建筑物内人员造成威胁，这些事故发生后，行业标准和法规都有及时更新和修订。

1.5 案例

1.5.1 英国弗利克斯巴勒（Flixborough）化工厂蒸气云爆炸事故

1974年6月1日，某反应器的一根旁路管线破裂后造成了环己烷蒸气云泄漏。HSE报告指出，蒸气云爆炸发生在耐普罗公司的弗利克斯巴勒工厂己内酰胺装置的反应器部分（HSE，1975）。弗利克斯巴勒工厂坐落于特伦特河的东岸（见图1.3），最近的村庄是距工厂约800m远的弗利克斯巴勒和阿姆科茨（Amcotts），以及距离工厂约4.9km的斯肯索普（Scunthorpe）。

环己烷的氧化装置包括6个串联反应器，进料为环己烷与循环物料的混合物。反应器通过管道系统连接，后一个反应器比前一个安装得低一些，液体反应物混合料依靠重力作用逐级流经下游每一个反应器。按照设计原理,反应器的操作压力约 0.9bar(130psi)、操作温度 155℃(311℉)。1974 年 3 月,其中一个反应器开始泄漏环己烷,因此工厂决定移除该反应装置并设置临时旁路。旁路是一条直径 0.51m(20in)的管道,由厂内人员设计和施工,并连接到反应器的两个法兰上。两个反应器之间存在高度差,因此连接管道是弯管形。

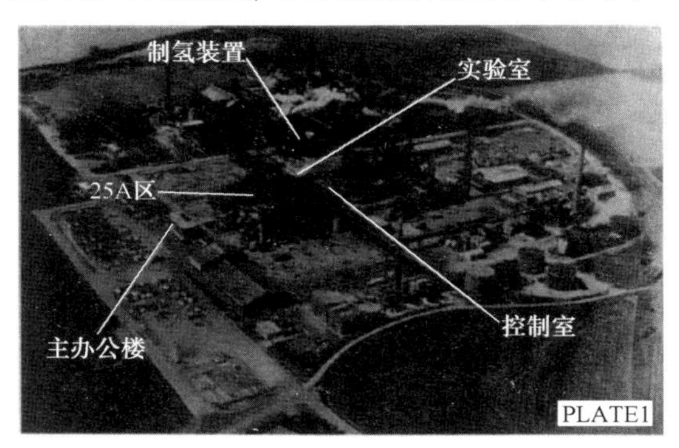

图 1.3 爆炸之前的弗利克斯巴勒工厂

1974 年 5 月 29 日,反应装置上玻璃视镜底部隔离阀开始泄漏,工厂决定对其进行维修。6 月 1 日,维修完毕重新开车。由于设计缺陷,最终导致旁路上的波纹管破裂释放出估计值 33000kg(73000lb)环己烷,大多数环己烷挥发后形成可燃性蒸气云雾(HSE,1975)。

下午 4∶53 左右,在泄漏发生后 30~90s 之间,蒸气云被点燃。爆炸引发了大规模破坏和大面积火灾,造成控制室的窗户粉碎以及楼顶垮塌,距离爆炸中心只有 25m 的砖石结构办公大楼被彻底损毁。幸运的是,事故发生时办公大楼内没有人员。这些建筑物在建设之初未做过防爆设计。此次事故造成 28 人死亡,36 人受伤,其中 18 名死者事发时位于控制室之内。如果该事故发生在工作日而非周六下午,那么伤亡人数将更多——会有超过 200 人在主办公楼中工作。本次事故除造成工厂全部损毁外,还造成工厂附近的 1821 座房屋及 167 个商店和工厂被破坏(图 1.4 和图 1.5)。

萨德(Sadée)等(1976—1977 年)详细地描述因爆炸及蒸气云外衍生爆炸压力导致的建筑物损毁情况。很多人估计这次爆炸的破坏程度相当于 15000~45000kg(33000~99000lb)TNT 当量的破坏程度。TNT 当量是当时主要的衡量方法,现已不推荐使用。

弗利克斯巴勒(Flixborough)事故开始关注蒸气云爆炸和无筋砌体(砖石结构)建筑物脆性响应的潜在威胁。随着许多国家对蒸气云爆炸的不断研究,建立了蒸气云爆炸预测模型，并开始了建筑物抗冲击载荷的防爆设计。

图 1.4　航拍弗利克斯巴勒(Flixborough)工厂的损毁程度

图 1.5　弗利克斯巴勒(Flixborough)工厂办公楼和工艺装置区损毁情况

1.5.2　高密度聚乙烯装置蒸气云爆炸(VCE)及沸腾液体膨胀蒸气云爆炸(BLEVE)事故

在 1989 年 10 月 23 日，坐落于得州帕萨迪纳市附近的美国菲利普休斯顿化工总厂发生了特大爆炸及火灾事故。事故原因是聚乙烯装置(图 1.6)泄漏了 40000kg(85000lbs)乙烯、异丁烷、已烯和氢气的混合物。在这场事故中，有 23 人死亡，314 受伤，爆炸波及了工厂中所有的设施。

OSHA 报告(OSHA，1990)对这场事故进行了详细的描述。1989 年 10 月 22 日，星期日，承包商一组维修人员开始对一个高密度聚乙烯反应器上的阀门进行维修。聚乙烯是在环形反应器中进行生产，该反应器为高层钢结构(图 1.6)。维修过程包括拆卸及清理被聚乙烯颗粒堵塞的沉降管。周一(10 月 23 日)下午 1 点左右，被拆卸的沉降管上游阀门误开导致泄漏，反应器中约 40000kg(85000lbs)高活性反应物几乎全从反应器倾泻而出。数秒内快速形成了一个巨大蒸气云，并顺着风向穿过工厂。2min 内，蒸气云遇到点火源被点燃并产生相当于 2400kg(5300lbs)TNT 当量的爆炸。

蒸气云爆炸后，又发生了另外两次大规模爆炸。第二次爆炸发生在第一次爆炸 10~15min 之后，两个容积为 $75m^3$(20000gal)的异丁烯储罐发生了 BLEVE(图 1.7)。第三次爆炸发生在第一次爆炸 25~45min 之后，这次爆炸是由于乙烯装置的反应器破裂导致的。受损的乙烯反应装置和邻近建筑如图 1.8 所示。

图 1.6 事故前的菲利普休斯顿化工总厂

图 1.7 菲利普休斯顿化工总厂蒸气爆炸

图 1.8 菲利普休斯顿化工总厂损毁情况(FM Global 提供)

第一次爆炸摧毁了控制室和装有易燃物料的临近容器以及水管线路。工艺设备和建筑物间距较小导致爆炸冲击波的强度基本没有衰减，在距离泄漏地点 76m(250ft)的范围内发现了 22 名遇难者，其中 15 名遇难者距离泄漏地点的间距小于 45m(150ft)。大多数人都是在建筑物内遇难的，但是实际的伤亡数字并没有公布。

1989 年菲利普休斯顿(Phillips Pasadena)化工总厂事故连同 1984 年印度博帕

尔(Bhopal)泄漏事故、1988年壳牌诺科(Shell Norco)炼油厂爆炸事故、1987年阿科钱纳尔维尤(Arco Channelview)事故和1989年埃克森美孚巴吞鲁日(Exxon Baton Rouge)事故，促使美国国会在1990年颁布了洁净空气法案，此法案是应OSHA和EPA工艺安全法规要求颁布的。OSHA在1992年首次发布了关于高危险化学品的工艺安全管理(PSM)标准(29 CFR 1910. 119)。随后，EPA在1996年发布了洁净空气法案CAA Section 112(r)，其中对建筑物选址的风险管理规划(RMP)提出了明确要求。

1.5.3 美国得州：得克萨斯市BD公司放空管泄放导致的蒸气云爆炸事故

2005年3月23日下午1点20分，英国石油公司(BP)在美国得州分公司的精炼异构化(ISOM)装置突发爆炸和火灾事故。造成15人当场身亡，180人受伤。事故期间，发布就地临时保护命令，导致附近社区的43，000人滞留室内。

根据BP北美分公司(Mogford，2005)和美国化学安全与危害调查委员会(CSB，2007)的事故报告，在事故当天早上，一套精炼异构化装置(ISOM)的抽余油塔在经过维修后重新开车。根据操作程序，夜班工人将抽余油塔填充至100%正常液位(相当于3. 1m)，塔的切线高度为50m(164ft)。而白班工人在连续进料3h且没有出料的情况下继续通过进料泵向塔中额外进料397m^3(105000gal)。结果导致淹塔，液相溢流至塔顶管线。下午1点14分，泄压阀打开，大约6min泄放近175m^3(46000gal)的可燃液体进入放空罐，放空罐与大气直接连通。下午1点18分，液体在4. 5min内充满了整个放空罐，并沿着罐顶的放空管从6m高的位置像喷泉一样洒落到地面上，约8m^3(2000gal)的液态烃原料自罐顶溢出。可燃蒸气云主要从装置西侧蔓延至泄漏点的南侧，但是蒸气云并没有扩散至精炼异构化装置(ISOM)的东侧。

下午1点20分左右，蒸气云被不确定点火源点燃。当时有一辆未熄火的皮卡车停在精炼异构化装置(ISOM)北侧的路边，其发动机引擎的火花很可能是这次事故的点火源。

在这次爆炸中，处于或靠近精炼异构化装置(ISOM)西侧的15名工人当场身亡。其中3人在单宽拖车内死亡；在加宽拖车内的20人，其中12人死亡，其余8人重伤。拖车位置如图1. 9所示。加宽拖车被炸毁的碎片如图1. 10所示。临时办公拖车是轻型木质结构的。15名死者的死因均是由钝器伤害所致，钝器的来源可能是拖车的碎片。一共有180人在事故中受到不同程度的伤害。

拖车被放置在放空管西侧约46m(150ft)的开放空间，靠近管廊位置，管廊比拖车的位置高大约1m(3ft)。精炼异构化装置西侧的管廊和拖车间形成了封闭空间。可燃气体蒸气云扩散到西侧的管廊和拖车形成的封闭空间并最终产生了蒸气云爆炸。

图 1.9　航拍爆炸后的精炼异构化装置(CSB，2007)

图 1.10　放空罐西侧被炸毁的拖车(图左箭头所指)

BP 得克萨斯市事故表明传统拖车并不像以前认为的那么结实，不应该放置在有潜在爆炸风险的工艺装置区附近。临时建筑物的位置通常只考虑是否便于临时操作，比如大修时需要靠近临时作业区域。临时建筑物的位置不仅需要考虑那些与临时建筑物相关的操作风险，而且应关注所有临近区域的潜在风险。正是基于对 CSB 报告中提出的迫切需求及建议，API RP-753 首次制定并发布明确对临时建筑物选址评估的导则。

1.5.4　英国卡斯尔福德希克生-韦尔科公司喷射火事故

1992 年 9 月 21 日下午 1 点 20 分，英国希克生-韦尔科(Hickson&Welch)公司在西约克郡卡斯尔福德(Castleford)的化工厂内发生了喷射火事故。喷射火严重损毁了控制室，并影响到了远处的主办公大楼，导致建筑物内的 5 人丧生。

事故发生于一台间歇式蒸馏器进行残渣清除过程中。这台间歇式蒸馏器是硝基甲苯生产装置区的一部分。蒸馏器(如图 1.11)自从 1961 安装之后就没有进行过清洗。蒸馏器内的油污有 34cm(14in)厚，这些油污是像沥青状黏稠的油膏状液体。既没有对淤泥进行分析也没有进行可燃蒸气常温检测。蒸馏器内油污被误认为是一种热稳定的油污。事故后调查发现油污中含有可燃二硝基甲苯及硝基甲酚，并完全覆盖了容器内一个蒸汽加热元件。

操作人员将不超过 90℃的蒸汽通入蒸馏器底部的加热元件来软化蒸馏器内的油污。开始清洗时使用一把金属耙通过容器(见图 1.11)一侧的人孔来操作的。约 1h 后，则用一根更长的耙子来清扫容器更深的地方。当控制室内的蒸馏器温度指示达到 48℃时，下达指令隔离蒸汽。

图 1.11　希克生-韦尔科公司涉事蒸馏器

大概下午 1 点 20 分，大部分操作人员都在参与清理蒸馏器底部的工作。一名操作工在脚手架上停止了清理，他发现一道蓝色的光，瞬间变成了橘色的火焰。就在他跳下脚手架的瞬间，一股锥状、白色炽热的喷射火从人孔中冲出。这道喷射火水平长度超过 50m，穿过控制室进入办公大楼。1s 内，临近的精馏塔顶部排气口爆发垂直的喷射火。

调查显示，油污分解是一个放热反应，释放出的热量足以点燃容器内气体。产生的喷射火大约持续了 1min 时间后才逐步减缓。喷射火直接烧毁了脚手架，并把人孔盖甩到控制室里造成控制室严重损坏。火势从控制室蔓延到主办公大楼，造成办公大楼内的多处火灾。事故中被损坏的中控室及办公大楼如图 1.12 和图 1.13 所示。

所有的遇难者都位于中控室和主办公大楼内。5 人中，控制室内有 2 人当场死亡。另有 2 人严重受伤，在医院不治身亡。第 5 名遇难者在主办公大楼烟雾室息而死。

1.6　过程装置建筑物设计及选址的发展过程

建筑物的设计和选址很大程度上取决于化工工艺设计与控制。本节简要回顾过程装置建筑物设计和选址的行业规程。

1.6.1　建筑物设计简史

随着过程装置设计和管理实践活动的发展，建筑物的功能和位置也随新的操作要求变化而变化，从而使得工艺单元建筑物及其周边人员数量逐步增加。例如，为便于控制，控制装置常坐落于过程装置区或临近位置。其他建筑物，如维护设施，有时也会位于过程装置附近，以便于设备及时维修。

图 1.12　希克生-韦尔科公司喷射火事故中毁坏的中控室

图 1.13　希克生-韦尔科公司喷射火事故中毁坏的控制室和受影响的办公楼

在连续过程工业(如炼油、石油化工、化工、化肥)中，建筑物的选址和建筑规模会受到以下因素的影响(Marshall，1987)：

• 随着装置产能增加，越来越多的大型设备被使用，这些大型设备可能不再封闭于建筑物内。

• 工艺装置或设备之外的位置设立独立的控制室。起初，控制室只用于显示过程变量。超大规模的单套装置，再加上自动化程度的不断提高，以至于连阀芯定位也使用了伺服机构。

• 气动控制系统信号传输的局限性使得控制室和变送器或控制阀的间距受限。这导致早期控制室都位于工艺装置内或靠工艺装置外围。

• 电子技术和计算机控制系统的发展实现了一个中央控制中心能够同时控制几套工艺装置，这也使得控制室内的设备和人员不断增加。

• 一些支持机构如行政管理、工程设计和检验为便于操作也移至工艺装置区附近。这些辅助设施常位于控制中心内或工艺区临近的独立建筑物内。

此外，许多间歇操作过程，如特殊化学品行业(制药、涂料和塑料的终端产品)，其控制和辅助设施也通常设置在工艺装置附近。典型的布局是，工艺装置区建筑物容纳所有或大部分工艺装置，且控制功能相关设施集中在中央控制室内，中央控制室一般位于装置建筑物内或某一邻近建筑物内。

1.6.2　装置和建筑物的选址及间距标准

许多企业以及行业保险公司、行业协会和标准化组织为装置、建筑物、设备及地界线之间的距离制定了详细标准。这些标准是为了减少爆炸或火灾对重要设备和设施，以及相邻装置和建筑物的影响。

CCPS、NFPA、API、IRI 和 FM Global 等组织都广泛制定了相关间距标准。例如，控制室和工艺装置间距离为 15~365m(50~1200ft)，不同的距离标准反映了潜在危害的多样性和各组织制定相关标准的不同目的。一般而言，保险行业的标准是财产保全，并在事故发生情况下，最大限度地减少运营中断。NFPA 的目的是防止火灾发生，并尽可能防止火灾向相邻建筑蔓延。个别公司或行业协会标准尝试不但要包含以上两个目标，还要涉及人员安全问题。由于工艺装置的种类、待处理的物料以及目标(设备防护/人员防护)差异较大，并没有适用于所有情况的统一间距标准。

1.6.3 建筑物设计的标准及规范与特定位置评估要求

过程装置建筑物设计指南多年来从重大事故中吸取经验教训并不断发展。指南规定了建筑物所需的防爆设计标准，比如，根据评估 TNT 爆炸或蒸气云爆炸大小以及与有人建筑物的距离得到的标准。例如，某标准可能规定，建筑物应当设计成能承受 900kg(1)当量的 TNT 在 61m(200ft)外爆炸产生的影响。另一个标准可能要求建筑物应设计成能承受持续 100ms，正压达 3psi(0.21bar)，负压达 1psi 的蒸气云爆炸产生的影响。

许多此类建筑物设计和选址标准是基于广泛的工厂设计准则，而非基于特定物料、泄放条件或装置地理位置评估。虽然在很多应用场景是有效地，但在某些情况下设计会过于保守，而另一些情况下又可能无法提供期望的防护程度。本书提出的方法允许使用经过多年发展并考虑了现场具体情况，恰当的建筑设计和选址标准。现场具体情况包括待处理物料、工艺条件、建筑物位置和人员暴露情况、建筑设计和施工材料，以及有效的过程安全管理系统。

本书提出的方法允许业主和运营方根据现场具体情况进行建筑物选址评估。这使得建筑物设计和选址问题可以在不附加任何硬性规定的标准情况下被地方一级管理，而该标准本身可能并不适于某一具体装置。该方法提供了一个整体效果，反映了与工艺装置建筑物相关的已知风险和相应的成本效益风险管理。

1.7 本书结构

本书讲述的建筑物选址流程如图 1.2 所示。

第 2 章概述整个管理流程，着重讲述管理层在整个流程中的作用。

第 3 章阐述建筑物(包括永久和临时建筑物)选址评估范围。本章读者对象是企业风险管理人员及专家。

第 4 章介绍建筑物选址评估的标准，这一章可作为专家的技术资料。

第 5 章、第 6 章和第 7 章分别介绍爆炸、火灾和有毒物质泄漏危害的评估方法。这三章的读者对象是对事件后果分析的专家。

第 8 章(频率评估)及第 9 章(风险评估)介绍风险分析方法。这两章的读者对象是风险分析领域的专家。

第 10 章介绍了减灾规划和风险削减策略，以及建筑物及内部人员的管理要求，除了引发变更管理(MOC)的任何变化之外。第 10 章的读者对象是相关专家和管理人员。

第 11 章介绍了建筑物选址评估文档处理。

2 管理概述

本章有三个不同的目的：

• 本书中总结的方法适用于管理人员，用于辨识、评估和管理过程装置中爆炸、火灾、有毒物质外泄至建筑物等场景的安全注意事项。有很多后果和风险评估方法可用于识别可能对人员造成重大危害的建筑物，或识别可能成为其他原因关注对象的建筑物，如可能的业务中断损失。本书也探讨了在建筑物设计和选址中如何利用分析结果，做出基于风险的决策。

• 依据 API-752 和 RP-753 标准，强调管理人员职责。

• 论证建筑物选址评估适用于许多管理目标，包括过程安全、商业和保险业风险管理。

建筑物选址评估中，对以下四项进行决策管理：

(1) 建筑物选址评估过程中所涉方法，包括基于后果或基于风险的评估方法、先采用基于后果的方法再采用基于风险的分阶段的评估方法，以及对已建建筑与新建建筑的评估方法；

(2) 选择爆炸、火灾和毒性物质泄漏场景的步骤；

(3) 建筑物性能指标的评估标准；

(4) 各种评估方法的使用次序，比如，若采用分阶段评估方法，可先进行相对容易的阶段，再进行详细分析阶段。

本章将对每一决策项进行详细介绍。

2.1 流程综述

2.1.1 爆炸、火灾及有毒物质泄漏

事故可以定义为“导致不良后果的意外事件或事件序列”。本书中，不良后果特指爆炸、火灾以及毒性物质泄漏。

发生爆炸、火灾以及毒性物质泄漏前，某些特殊条件必须存在。首先，导致爆炸、火灾以及毒性物质泄漏的危险必须存在。比如说爆炸，必然有可燃、易燃或化学反应活性的物质存在，或有可导致爆炸发生的工况存在。其次，初始事件

必须发生，例如人员失误或设备失效，进而引发事件序列发生。然后，中间事件必然发生，使事件序列向后果方向发展。中间事件又分为两类：传播事件或因子，减缓事件或因子。

依据中间事件的顺序，一个事件可以发展为各种事故后果。可燃蒸气泄漏可能导致池火、喷射火、火球、闪火、蒸气云爆炸，若未被点燃，可能形成可燃蒸气云扩散。本书所述事故后果，如图 2.1 所示。

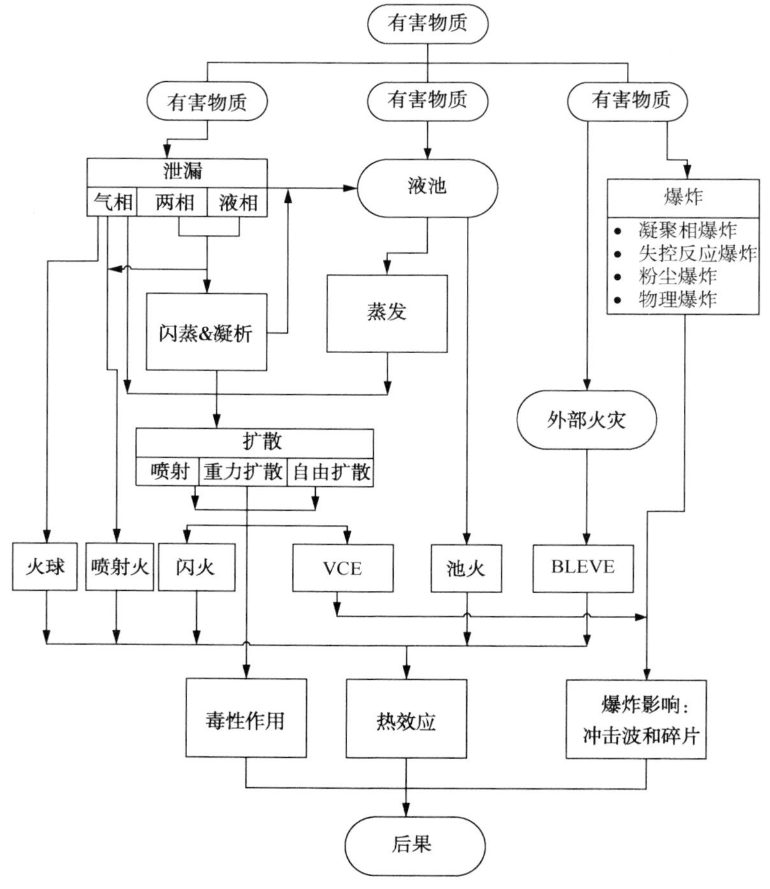

图 2.1　有害物质泄漏可能产生的后果(Pitblado，1996)

有害物质泄漏可能导致的后果如下：

• 如可燃液体泄漏后蒸发量有限，会在地面形成液池。如果泄漏液体表面蒸气被点燃，将在物料液面之上燃烧形成池火。燃烧释放热量会加速液池内液体蒸发，并进一步促进燃烧。池火危害通常是热辐射和火焰直接伤害。

• 如果泄漏物质在泄漏源附近被点燃，并且系统运行压力足够高，可能会产生喷射火。危及范围限制在火焰附近区域。高速喷射火焰一般不受风的影响，低速喷射火焰会受风速影响发生倾斜或缩短。对于液体或两相物质的喷射，一部分液体会在喷射流外围形成“雨滴”，进而形成池火。

• 如泄漏物质点燃前已与空气混合形成了可燃蒸气云，点燃后可燃蒸气云内部会产生湍流(例如，在一个工艺单元中，通过火焰前缘锋面传播)，火焰速度被加速至足以引发一次爆炸。此类事件称为蒸气云爆炸。蒸气云爆炸会产生强气流影响，热辐射和直接火焰接触伤害。当回火至泄漏源时，则导致池火或喷射火。

• 如泄漏物质形成蒸气并与空气充分混合会形成可燃混合气，一旦点燃后，既没有形成充分的湍流，也没有形成受限状态使火焰加速并产生冲击波，那么将会产生闪火。闪火造成热辐射和直接火焰接触伤害。影响区域大于池火或喷射火。

• 如果点燃富含燃料混合物，泄漏物料会像火球一样燃烧。富含燃料的气云外层首先燃烧。随着受热气体浮力增大，燃烧着的气云逐渐上升、膨胀并变成类似球形。火球造成直接火焰接触和热辐射伤害。

• 如果有毒物质泄漏形成的蒸气云未被点燃(由于物料不可燃，或可燃物料未接触点火源)，有毒物质蒸气云将会扩散。许多化学品造成急性中毒症状的浓度比可燃浓度低得多；因此，通常毒性蒸气云在下风向比可燃气云扩散更远。有毒蒸气经建筑物敞口位置和通风系统渗入建筑物内部，使建筑物内人员暴露于有毒物质中。暴露程度随蒸气混入室内空气的时间及室外浓度变化而变化。

其他值得关注的事件包括凝缩相爆炸、失控化学反应、沸腾液体膨胀蒸气爆炸(BLEVEs)、压力容器破裂、物理爆炸以及约束性爆炸。BLEVE、压力容器破裂和物理爆炸不涉及易燃或可燃物。此类事件简述如下：

• 失控的化学反应(比如聚合反应)可以释放足够的能量引发承载系统失效，并产生爆炸冲击和碎片影响。

• 系统内压缩气体或蒸气(不一定是可燃物质)瞬间失去限制，被称为压力容器(PV)破裂(一种物理爆炸)，在流体迅速扩张压缩周围空气时，可能产生碎片影响和爆炸冲击波。如泄漏物料易燃，则压力容器破裂后可能产生火球。

• 装有液体的容器失效后，如液体温度高于其常压沸点，将导致 BLEVE 爆炸，并产生爆炸冲击和碎片影响。如涉及可燃物料，BLEVE 也会产生火球。常见的 BLEVE 场景是火灾不断加热容器内物质并使容器壳体因受热软化。这种情况下，有充足时间撤离建筑物。

• 另一种物理爆炸形式是当液体接触比其温度高许多的物料时(比如水加入

到热油中)液体急剧蒸发引起的，也被称为急剧相变爆炸。当极低温物质接触到常温下较暖物质时，也会发生急剧相变爆炸，例如液化天然气溅入水中。物理爆炸除产生爆炸外，初始受限状态下还会产生碎片。

- 某些物质分解时会大量放热。在一定条件下，分解反应可产生凝缩相爆炸，并导致承载系统失效，产生爆炸以及碎片影响。一些以爆轰方式分解的凝缩相物质，即使没有最初约束空间，也会产生爆炸影响。

- 当燃料和氧化剂在封闭性物体内部(例如：建筑物、容器或管道)急剧燃烧会产生约束性爆炸，其压力足以撕裂壳体。例如，建筑物、储罐或工艺装置内气体或粉尘的爆炸。

任何上述影响，无论是涉及爆炸、火灾或碎片，均对工艺装置建筑及相关人员造成潜在危害。

2.1.2 问题陈述

建筑物内人员所经受的一系列影响，取决于建筑物构造类型、建筑物减缓风险的特性、建筑物于危险区域的相对位置，工艺条件，待处理物料，及其他风险削减措施。建筑物选址评估的目的就是管理在有潜在爆炸、火灾或有毒物质泄漏装置区域的所有建筑物内工作人员的风险。

当建筑物不满足公司既定标准时，宜采取适当的各种各样的削减措施。相关措施可能包含以下一项或多项内容：

- 改进工艺以消除或降低危险。
- 加强工艺安全生产管理的有效性。
- 加固建筑物，预防可能的关注事件。
- 从屋顶、墙壁、门窗、天花板以及机械设施维修保养等方面，消除或减少碎片危害。
- 迁移人员，远离可能遭受严重破坏的建筑物。
- 建筑物迁址，避免危害发生。

以上措施选项可能涉及高昂费用或受可行性限制，实施前需要进行分析。

建筑物选址评估需要考虑费效比，不满足业主/运营商选址评估标准的建筑物需优先集中资源。

2.1.3 分析方法选择

针对建筑物内人员的风险评估，可通过基于后果和基于风险的评估方法来完成。建筑物选址评估并不仅限于其中一种，也许两者都有涉及。

基于后果的评估方法可以评估潜在的建筑物破坏和(或)潜在的人员伤害，不考虑假定场景的发生概率。基于后果的评估方法需要为每一相关风险类别(爆炸、火灾及有毒物质泄漏)选择最大可置信事件(MCE)场景。由于场景的选择过程确立了业主/运营商的潜在风险状况，因此强烈建议管理层了解并参与到制定场景评估和选择的流程及标准的工作中来。工艺装置建筑物会受到来自许多工艺单元的危害影响。后果分析中，将详细计算来自每个工艺单元的危害所造成的潜在损害或人员伤害，并从所有主要分析场景中确定最大可置信事件。在进一步研究前，将预估损害或人员伤害与已确定的后果标准进行比较。

基于风险的方法可以广泛地评估从小到大场景影响，并结合每个场景的可能性。计算建筑物人员风险将综合所有场景的风险。评估时，使用风险度量体系首先建立风险标准，如建筑物使用人员的个人风险，以及集体风险(整体风险)。

业主/运营商进行建筑选址评估时，可以选择一个分阶段的方式，逐步增加分析详细程度。这种分阶段的方法可利用保守假设，采用基于后果的分析作为初始步骤。后续步骤可以利用详细工艺信息，采用更具体的后果分析来“精打细算”。后果分析后可进行定量风险评估。

所选的评估方法适用于新建及现存建筑物。评估现存建筑物、建筑物升级改造设计及新建建筑物时，其评估方式和建筑物性能标准可能有所区别。

2.1.4 分析步骤

首先应获取评估分析所必需的资料。相关资料包括待操作物料、工艺条件和其他装置区详细信息，如建筑物结构种类、建筑物内工作人员情况、工厂平面布局以及装置位置信息。

在初步调查中，应识别物料种类和数量，以及工艺条件。因其可能导致潜在火灾、爆炸或有毒物质泄漏风险并影响邻近建筑物。相关物料数量不足以对建筑物内工作人员构成危害，或者相关工艺条并件不存在，并且对建筑物内工作人员仅构造成微小风险或本根不存在，则无须执行下一步的评估工作。如物料或工艺条件确实对建筑物内人员构成潜在危害，则必须进行后续的危险评估。

由最大可置信事件确定的后果可以识别是否符合业主/运营商建筑物选址评估标准的工艺装置建筑物。进一步评估中，可能涉及这些建筑物迁址，但仍需保持持续的风险管理，并确保以后的变更不会超出业主/运营商制定的建筑物标准。如结果分析表明某些建筑物不满足企业制定的标准，用户既可以直接采取风险削减措施也可选择更为详尽的评估。

定量风险评估可代替或者补充基于后果的评估。可将量化风险与风险标准进行对比，确定是否有必要采取风险削减措施。如风险评估结果证实建筑物没有超出风险标准，则无须进一步评估。否则，应制定一个风险削减计划。

风险管理是一个风险识别、评估和控制的方法。由于风险既是非预期事件发生概率也是后果的一个函数，则削减风险既可以减少后果也可以降低概率。采用基于后果的评估的客户，则应确定并实施后果消减措施。采用基于风险的评估的客户，既可以选择结果也可选择事件频率，从而满足减少建筑物内工作人员风险的要求。

风险管理也涵盖对多种措施选项进行评估，确定降低风险的最优费效比选项。在每一种情况下，在辨识这些选项之后，用户回退到某一适当的步骤，再开始评估选项的有效性。

2.2 API RP-752和API RP-753管理职责

2.2.1 实现预期目标——管理层职责

建筑物选址过程中，为基于结果和基于风险方法设定绩效标准，API RP-752和API RP-753允许业主/运营商对此享有充分的选择自由。并针对每种类型的危害(爆炸、火灾及有毒物质泄漏)设立绩效标准。管理层在设置标准时，应考虑企业价值观，以及如何将建筑物选址整合到企业工艺安全计划中，并达到平衡。某些国家法规规定了风险标准，但美国没有，因而企业可采取不同的方法对几乎相同的场景建模和评估。例如：

- 第一家企业可能选择基于后果的方法，并假设物质泄漏已经“充满某工艺单元”，以此确定某装置的主要场景，然后采用建筑物损毁等级作为可验收指标。
- 第二家企业可能同样选择基于后果的方法，但是选择针对具体泄漏情况建模，因为泄漏可能未充满一个工艺单元或已经充满了多个工艺单元。场景中选择最严重的后果建模，然后以建筑物内人员致命性作为验收指标。
- 第三家企业可能选择基于风险的方法，并使用量化的风险容忍指标。

管理层确定适用标准以及采用基于后果还是基于风险的方法。RP-752要求应在评估完成前选定标准。这样可避免评估结果干扰评估标准的制定。

基于风险的方法允许量化当前风险，也可对通过采取各种措施后实现的风险降低进行量化。选择基于后果的方法时，管理层应意识到某些相关场景的非定量剩余风险比研究中选定场景的风险更为严重，但需要确认该处理场景下选定的某一防护等级。

一旦选定评估方法和评估标准，管理层应确保评估人员能够胜任评估工作。建筑物选址评估是一项复杂的工作，它要求评估人员在工艺操作、火灾、爆炸、毒性危害，以及结构响应等方面具备专业知识。建筑选址评估人员必须胜任其职责范围内各领域的工作。其应具备的各领域能力包括：

- 危害识别；
- 场景分析；
- 频率评估；

- 可燃和有毒气体扩散建模；
- 火灾建模；
- 爆炸建模；
- 建筑物爆炸响应；
- 建筑物耐火；
- 有毒气体进入建筑物；
- 建筑物内人员致命性伤害；
- 定量风险评估技术。

一旦选址研究完成，管理层有责任确认已满足或超过企业标准要求的建筑物的危害削减措施，以满足或超过企业标准要求。RP-752 要求危害消减计划应包含实施时间表。

2.2.2 工艺过程维护

有人值守建筑选址涉及连续工艺，且并不局限于单一事件，因此系统必须维持工艺生产过程。

为确保无人值守建筑物在不改变其功能状态前提下被改造为有人值守建筑物，则需要改进管理控制系统。引发对受影响地区再次选址评估的需求，应能够被变更管理(MOC)流程识别。这类事件包括增加或拆除工艺装置单元，或重大工艺变更或物料变更。

为确保人员风险达标的建筑维护系统或建筑物性能，RP-752 对此有具体要求。例如，建筑物加装过滤系统后具备防止有毒物质泄漏的防护功能。RP-752 要求正确安装该过滤系统并维护良好。

3 确定建筑物选址评估范围

3.1 介绍

本章旨在为确定建筑物选址评估工作范围提供指导意见。评估工作范围是依据建筑物及其潜在事件场景的选择来定义。

本书与第一版的主要区别在于本评估过程包括了所有有人建筑物，而不是仅通过人员出现频率筛选从而在原评估过程中不考虑某些特定建筑物。

建筑物选址评估过程的首要步骤是确定建筑物是否存在会被可置信的潜在重大事件所影响的事实。如果潜在事件不足以对建筑物产生重大影响，就没必要做进一步评估。

3.2 需要考虑的建筑物

只有带有刚性墙体和屋顶的封闭结构在本书中视作建筑物。本书范围仅限于岸上建筑物，海上平台、码头、轮船、驳船及其他海上结构体不属于本书的考虑范围。

所有供现场人员使用的建筑物均包含在建筑物选址评估范围中，建筑物既包括固定建筑物也包括临时建筑物。如果某建筑物作为指定工作场所或作为交接班用途，则该建筑则视为有人值守建筑物。同理，一些建筑物不明确符合标准，在逐例讨论的基础上此类建筑物仍可纳入本评估范围，例如用于存放有关键安全设备或重大经济价值设备的建筑物。

3.2.1 有人值守建筑物

有人值守建筑物具体规定包括：

• 作为现场庇护所的建筑物。由于人员可能遵照指示聚集于此。因而此类建筑物为有人建筑物，即使通常情况内部人员并不使用该建筑物。

• 交接班室。由于人员有规律的在此聚集(例如，每班组两次)。尽管这些建筑物在一天大部分时间内利用率不高，甚至无人值守，因其循环组方式仍被视为有人建筑物。

- 会议室。适用上述循环组方式规则。
- 有固定人员的操作人员庇护所。许多公司把这些建筑物归类为远程控制室考虑。
- 有固定人员的保安室。
- 有固定人员的实验室。
- 餐厅食堂。适用于循环组方式规则。
- 有固定人员的维修车间。
- 有固定人员的办公室。在其他空闲建筑物内的单个办公室也可认定为人员占用状态。
- 培训室。适用于循环组方式规则。
- 有固定人员的库房。
- 有固定人员的建筑物内部建筑。这一特殊区域需要单独考虑。例如，仓库内部的办公室。
- 封闭的工艺流程区域内有人建筑物。

上述示例均为有固定人员的建筑物。有固定人员的建筑物指该建筑物是指定人员的主要工作场所并长期值守。

工作任务并非意味着人员被指定至此建筑物。例如，技术人员每月定期到分析小屋对仪表进行校验，或操作人员每天一次进入仓库提取补给等都不属于人员被指定至此建筑物。

例 1

有人值守建筑物的识别

背景

某仓库无固定人员。但仓库的中心区域是开放的，每次开始交接班时承包商都在此举行例行的安全会议。

方法

此仓库被用于交接班使用，因而它被认为是有人建筑物，属于建筑物选址评估考虑范围。

3.2.2 可从选址评估排除的建筑物

根据 API 的要求，以下均属无人值守建筑物并从建筑物选址评估中排除。

- 带有屋顶但无墙体的结构，仅用于保护人员免受天气影响。由于不符合建筑物的定义，因此不属于建筑物选址评估的范围。这类结构物的示例如下：

——公交车站；

——阁楼；

——焊接过程的天棚；

——装车篷檐；

——带天棚的步行道；

——吸烟篷。

- 无固定人员且频繁间歇使用的建筑物。个别工作人员可能会进入这些建筑进行测量、读取仪表读数或对进行现场物料测试。这些建筑物首要功能是保护设备以及提供人员进出与操作设备的环境。应注意这些建筑物并非用于交接班功能。类似建筑物包括：

——分析小屋；

——现场取样站点；

——电气设备间；

——远控仪表室；

——设备间；

——废弃建筑物。

- 工作人员可执行与室外工艺区类似任务的封闭工艺区。
- 主要用来储存物料且无固定人员的建筑物。
- 间歇使用的操作人员庇护所。

遵循 RP-753 规定，以下临时建筑物不属于有人建筑物。

- 工具拖车或无人棚屋：因为这些建筑物无固定人员。
- 不属于现场永久性基础设施的临时消毒设施。
- 控制设备室，无固定人员。
- 分析仪棚舍：建筑物无固定人员。
- 临时建筑内的移动式变电站及移动式发电机(通常为货箱类结构)排除在外。

RP-753 排除工艺区内临时使用的移动式结构物，这些临时工作活动通常根据监管要求进行授权管理。当前技术水平不足以支持远程执行这些活动，示例如下：

- 移动式环境监测站。
- 供气槽车。
- 用于密闭空间作业的保障拖车。
- 装载特殊设备单元的车辆(例如，携带 X 射线设备的货车或卡车)。

一旦某一建筑物在选址评估中被排除，业主务必须采取措施防止人员进入。参见本书第2章2.2.2节的论述。

例2

识别无人值守仓库

背景

人员定期或进入仓库存储或搬运材料，但仓库内未置办公室。或间歇性进入，但每工作班次的大部分时间都没有人员存在。

方法

仓库用于预期使用目的且无人值守，所以它不属于建筑物选址评估的范畴。

例3

识别无人值守的分析仪棚屋

背景

工艺装置的分析小屋内仪表用于检测不同工艺物料流的组分。一名仪表技术员工每月进入小屋一次校验仪表，每次2小时。且无指定人员。

方法

由于该小屋用于存储设备，棚屋无指定人员，并且属于间歇性进入。它不属于建筑物选址评估的范畴。

例4

识别无固定人员的封闭工艺区

背景

寒冷地区的工艺装置建在某一建筑物内，保护设备不受环境影响。操作人员进入工艺装置建筑物内进行计划性巡检以监测设备参数及工艺条件。维护人员进入工艺装置建筑物执行定期维护及非例行的设备检修。建筑物无固定人员。控制室靠近工艺装置建筑物，且操作人员被指派到控制室工作。

方法

工艺装置厂房用于存放工艺设备，且无固定人员或在此工作人员，因此不属于建筑物选址评估的范畴。

3.2.3 逐案审查模式下的建筑物评估

无人值守但被某些人员短期占用的建筑物应根据具体情况逐案评估。决策时考虑的因素是否包括或排除某些结构，包括：尺寸、构造，以及占用规律性。

例如：

- 吸烟室；
- 风雨亭；
- 有人值守码头；
- 有人值守装卸栈桥；
- 建筑物休息室。

例 5

根据具体情况识别建筑物逐案评估

背景

某工厂设有两种吸烟室。A 类为三面设有固定墙体的小型檐篷，分布于装置区各处但不设座位。B 类吸烟室是密闭结构且带有自动售货机及桌椅。B 类建筑物设置于行政大楼停车场内。

方法

A 类吸烟室由于不符合 RP-752 关于建筑物的定义而仅类似于公交车站，因此排除于选址评估。B 类吸烟室是建筑物，并由于设桌椅的存在表明其应被视为有人建筑物。

3.3 场景选择

场景是指一个计划外的事件或事件序列，并会导致损失事件和其他相关影响。本书场景对应可能引发爆炸、火灾或有毒物质泄漏的意外事故，其范围仅限于工艺危害。自然灾害、预谋性行为(破坏或恐袭)、空难影响以及其他与工艺危害无关的场景远远超出了建筑物选址评估的范围。建筑物选址评估一般不涉及在某场景发生的方式下该事件的详细序列；相反，场景通常是对安全壳破损(例如管线破裂)或引发爆炸和安全壳破损的时空反应的简单描述。

一个场景可以有多个可能的后果。例如，假设易燃液体容器泄漏，潜在的后果是没有起火、立即点燃或者延迟点燃。立即点燃会导致火灾，延迟点燃可能导致闪火、火球或者蒸气云爆炸。基于后果的评估对每个场景假定一置信后果，而基于风险的评估则对每个可能的后果确定发生频率。

场景选择的第一步是识别那些在现场条件下被处理的可能会导致火灾、爆炸或中毒伤害的危险物料。这些物料未必会有足够的数量导致重大事件的发生。因为有些物质可能导致一种或多种类型危害(火灾、爆炸或有毒物质泄漏),每个可能的事故后果都需单独考虑。

不管是基于后果的评估方法或是基于风险的评估方法,其在场景选择过程中在定义场景类型和量化分析场景影响的方法都是类似的。基于后果的方法主要依赖于“最大可置信事件(MCE)”的选择。基于风险的评估考虑了大范围内的可能场景,既包括较小影响场景(而可能性较大)也包括较大影响场景(而可能性较小),在某些情况下这已超出基于后果的方法中最大可置信事件的分析范围。如使用基于风险的方法,需要确定每一可能场景对应的发生概率。

建筑物选址评估的场景选择是针对有可能对建筑内人员造成潜在危害的场景。相邻设施的潜在危害评估已超出建筑物选址评估的范围,但很多国家依据法规或行业流程规范对其进行评估,如美国化学委员会规定的“责任关怀®程序”(CMA,2010)。

业主可能会选择包括相邻装置潜在影响的场景,特别是评估装置附近区域且相邻装置。由于具体工艺和物料信息可能不完备,对于装置界区外可能场景的潜在风险分析可能很难达到同样的细致程度。

3.3.1 基于后果的场景选择

基于后果的分析方法依赖于最大可置信事件(MCE)的选择,RP-752 对最大可置信事件(MCE)定义如下:

“假设评估主要场景中,爆炸、火灾或有毒物质泄漏会对建筑内人员造成最严重后果。考虑到与化学品、存料、设备与管道设计、操作条件、燃料反应特性、工艺装置平面布置、历史工业事故及其他因素有关,主要场景真实并有合理的发生概率。每个建筑物都有其最大可置信事件导致爆炸、火灾或有毒物质泄漏后果。”

为某特定建筑物确定最大可置信事件(MCE)的首要步骤是识别“主要场景”。根据 API RP-752 规定,需要考虑的主要场景性质如下:

- “可能发生原则”——在给定装置条件和给定物料工况下,主要场景发生应符合基本物理定律。例如,常压储罐内液体全部瞬间闪蒸几乎不可能发生。如果有阻塞或出现受限状态,泄漏仍可能导致潜在的蒸气云爆炸。某些装置内的物料量可能形成蒸气云爆炸,而某些装置内的物料量不足以形成蒸气云。该原则的应用有助于剔除某些特定场景:如美国 EPARMP 中所规定的最恶劣场景。在此最恶劣场景中,无论任何泄放条件(EPA,1999),形成可燃蒸气云的物质总量等于所有泄漏物料量。有毒物料泄漏量取决于特定的隔离段存量,无需考虑现场所有物料的泄漏。

- “合理概率原则”——API-752并没有对这一原则的具体要求作出明确说明。该原则的目的是确保公司不会忽略小概率事件。API-752特别指出需要考虑行业内曾发生的事故而非仅局限于本企业历史。如果仅因为本装置从未发生过，就简单假定本装置不会发生VCE，这是不合理，因为本行业的类似装置可能曾有发生。基于现场布置图以及物料泄漏量就可以对事故场景进行计算，并与过去类似事故的场景进行比对。详见表1.1事故示例。

确定事件“发生的合理概率”是复杂的，并一定程度上取决于主观判断。韦氏字典对“合理”的解释是“不极端或不过分”。某一特定事件(如管线破裂)在某种工况(高压、高温、腐蚀性环境、暴露于外部影响、能量约束或失控反应)下可能发生是合理的，而在另一些工况(低负荷操作、无外部影响)下是不合理的。对于“可置信”与“不可置信”场景的示例包括但不限于以下示例，如表3.1所示。

表3.1　建筑物选址评估中“可置信”与“不可置信”场景的示例

“可置信”	小口径管线破裂 工艺设备泄漏 泵/压缩机械密封失效 垫片失效 装卸软管破裂 操作过程中物料损失，如更换过滤器 工艺波动，如容器或罐溢流
可能属于也可能不属于“可置信”	大口径管线或者容器/储罐破裂 正常操作条件下压力容器结构损坏 泵或压缩机壳体/阀门严重失效 超出压力泄放系统能力的失控反应 车辆撞击暴露的工艺设备和管线 美国EPA RMP场景中的相关工况
“不可置信”	实际不可能发生事件(例如，可燃物料量不足时，不会在设有堤坝和边坡的液池上发生不受限池火) 每个事件的发生概率都很低时的多重多米诺事件 可燃气体泄漏至多个相互隔离单元，并引发大型爆炸 多个非相关的工艺物料同时泄漏，最恶劣美国EPA RMP场景

一旦定义了主要场景，对建筑物内人员产生的各种影响都要考虑。主要场景对建筑物内人员影响最大，是该建筑物的最大可置信事件。基于后果的方法需要确定每种场景的最大可置信事件，以代表每一适用的风险种类(爆炸、火灾及有

毒物质泄漏）。

并非在评估初始阶段就对最大可置信事件场景进行定义，最大可置信事件是评估的结果。最大可置信事件是所有评估主要场景中可能导致最大后果的事件。也就是说最大可置信事件是在建模及建筑物评估完成后才识别出来的。

爆炸产生的潜在影响由一系列因素决定，包括建筑物强度。一个能量较高但距离建筑物较远的爆炸不一定比一个能量较小但距离较近的爆炸对建筑物内人员造成的影响大。

有毒物质泄漏不会破坏建筑物结构的完整性。有毒物质泄漏对建筑物内人员可能产生不良影响受自然通风速率、通风系统（HVAC）制约，而非建筑物结构类型。RP-752 允许业主/运营商假设有人值守建筑物会受到有毒物质泄漏影响，或他们为每一座有人值守建筑物进行有毒气体扩散模型模拟。如果进行气体扩散模型模拟，且室外有毒物质浓度可作为场景评估数据，扩散分析完成就可确认每一座建筑物的最大可置信事件。如果以室内有毒物质浓度或者人员暴露水平作为严重性判断标准，则需要待完成有毒物质侵入建筑物内部的浓度分析后才可确定最大可置信事件。

池火和喷射火的潜在影响通常用热辐射和持续时间表示。无论采用哪种形式，一旦确定了热辐射等级和持续时间，识别出点火源，则可快速识别每一座建筑物的最大可置信事件。闪火会产生较短时间的热冲量，但通常不会对建筑物内人员造成伤害，即产生的可燃气不会进入建筑物内。火球会产生热冲量，但一般在火球半径外，或使用耐火材料且没有或只有小窗的建筑物内人员通常也不会受影响。

3.3.2 基于风险的方法场景识别

基于风险的方法需要考虑各种场景及其发生频率。在第 8 章中介绍了如果确定频率与基于后果的方法不同，后果分析只需评估对建筑物产生影响的主要场景，而基于风险的方法要考虑影响范围由小到大不同形式场景。例如，基于后果的方法仅对在最不利天气条件下高压气相管线气体泄漏产生的潜在影响进行分析，而基于风险的方法需要对不同管径管线在不同气象条件下发生泄漏的场景进行综合分析。

3.3.3 爆炸场景

对可能发生爆炸的物料及现场条件进行评估，应掌握物料的化学及物理特性，确定物料存量，并对可能引发爆炸的工况进行评估。更多爆炸相关内容，请参考第 5 章。

蒸气云爆炸（VCE）

Lenoir 与 Davenport 总结了自 1921~1991 年间世界范围内发生的重大 VCE 事

件。这些事件中所涉及的物料表明某些烃类物质——如乙烷、乙烯、丙烷及丁烷发生 VCE 的潜在影响较大。有几个因素可能对这些数据统计有帮助。这些都是工业常见物质，并经常大批量处理，从而增加了事故发生风险。这些物质的物性也会增加爆炸发生风险。包括易燃性、化学反应活性、饱和蒸气压及蒸气密度(相对空气)。

不只这些轻烃有导致 VCE 的可能。一定条件下，重烃如环已烷、苯或汽油也可引发与 LPG 或其他低相对分子质量物质爆炸产生的类似影响。例如，大量重烃高温泄漏，可能会产生蒸气云。这种 VCE 可能产生巨大超压，如弗利克斯巴勒事故中的环己烷，见第 1 章表 1.1，弗利克斯巴勒法庭调查报告(HSE，1975)。

关键在于确定易燃或可燃材料在一定的温度及压力等条件下处理流程中，如发生泄漏，一定量的物料可能被释放到大气中形成气体、蒸气、雾或悬浮物，VCE 发生时，有足够的能力损坏建筑物。如果这些条件存在，应分析可能的 VCE 场景。确定可导致工艺装置和建筑物损坏的 VCE 事件所需的物料存量，确定苛刻的现场指标。重要因素包括泄漏条件、泄漏物料的理化特性、受限程度、障碍密度及泄漏区域的平面布置。

内部爆炸

建筑物、容器或其他类似封闭结构内有存在可燃蒸气云、雾、气溶胶及粉尘的扩散环境，则有可能发生爆炸。预测内部爆炸产生的爆炸载荷对其他建筑物的影响是很困难的，因为受限空间泄漏至外侧的爆炸压力是难确定的。本书作者不了解任何已公开的简单预测方法。一些流体力学动态计算模型可对内部爆炸产生的外部爆炸载荷进行估计。通常，密闭结构(例如罐、建筑物)可限制爆炸对周围建筑物的损坏，因为爆炸通常优先在密闭结构开口处进行释放。由于在确定的过程中存在大量的变量，即使采用流体力学动态模型也无法保证所有这些变量都被评估，所以导致了爆炸载荷的不可预测性。另外，许多化工工艺装置存在其他类型的外部爆炸，可能对有人建筑物的选址产生更大的影响。

凝聚相爆炸/其他非受控化学反应

工艺过程所处理的物料的分解热可产生高温或承受其他放热化学反应也可能引发爆炸事件。放热化学反应在某些的条件下(失控反应)下反应速率可能增加，其原因可能是工艺波动或者其他控制/保护系统失效。除了有引爆物质存在(如 TNT)，化学物质的分解或反应通常需要一定程度的受限空间来产生严重爆炸事故。CCPS 的化学反应评估导则(CCPS，1995b)，以及紧急泄放系统研究所(DIERS，1992)，为化学反应以及针对潜在爆炸工况下的紧急放空系统设计提供了指南。

如果建筑物所在装置区存在上述物料或工况，则需要建立适当的爆炸场景进行分析评估。更多关于爆炸场景建立方法将在第5章介绍。

沸腾液体膨胀蒸气爆炸(BLEVE)/压力容器破裂/物理爆炸

受限空间内存储的物料在沸点以上并处于一定压力下可能会导致沸腾液体膨胀蒸气爆炸或热辐射(如果包含可燃物料)效应与碎片。这些影响需依赖经验考虑合适的间距，也取决于存储物料的类型及存量。

由于承压设备破裂或物理爆炸导致的压力容器严重破裂可能导致爆炸及碎片影响。

更多关于爆炸场景选择和分析方法将在第5章介绍。

3.3.4 火灾场景

处理易燃或可燃物料进行时，会产生火灾等后果。另外，涉及易燃或可燃物料的爆炸场景通常会引发火灾，增加了针对建筑物内人员的潜在影响。如果采用间距表方法评估火灾场景，如何确定火灾场景则被简化为对潜在点火源的识别。如果距点火源间隔符合间距表要求，则认为有人建筑物选址充分恰当。

火灾影响有大量参考文献可查，因而本书不涉及对火灾的详细论述。表6.2提供了大量参考文献，包含在工业及保险业标准中设备间距导则的有关内容。大部分文献都设法解决了潜在火灾影响。《Lees' Loss Prevention Handbook》(Mannan, 2005)提供了广泛的火灾文献清单，其中包括建筑物设计条例，以及工厂平面布局导则。除间距标准，许多标准提出了有关建筑物设计及施工的耐火性及人员保护要求。

火灾场景通常分为以下几种：

池火

在使其维持液态的温度下处理易燃及可燃液体由于泄漏液体的有限蒸发量，则会形成液池。如遇点火源，物料可形成池火，物料包括NEPA Ⅰ级的易燃液体(如汽油)，例以及NFPA Ⅱ级Ⅲ级的可燃液体。

喷射火

任何易燃及大多数可燃物料在上升压力下都可形成喷射火，并取决于泄漏条件。如果操作压力较低，建筑物足够远则影响较少。否则建筑物有受到喷射火的潜在影响。

闪火

如果堵塞/受限/湍流等产生VCE的必要条件不存在时，可产生VCE的同一物料也可能产生闪火。

火球

点火前与限量空气进行了混合会导致火球。可产生VCE的物料同样也可能产生火球，并且是否产生火球也取决于泄漏量及扩散特性。BLEVE 中所包含的可燃及易燃物质同样可以产生火球。

更多关于火灾场景内容将在第 6 章介绍。

例 6

初始筛选包括物料鉴定及特定现场的现状

背景

某室内包装设备在常温常压下处理桶装润滑油(NFPA ⅢB 级液体)。发货前，油桶存放于工厂仓库区的托盘上。对建筑物内处理可燃液体导致潜在火灾及爆炸场景进行评估。内部餐厅与该包装设备毗邻。

方法

ⅢB 级物料为闪点高于 93℃(200℉)。由于润滑油没有反应性，并且在常温下处理，无潜在爆炸场景。有潜在火灾场景存在，但发生概率极低，并且无须在建筑物选址评估中考虑。物料并没有高于或者接近闪点的温度下操作，且常压下泄漏不会形成雾。

3.3.5 有毒物质泄漏场景

有毒物质泄漏可能影响全装置范围，应被确切地识别出。例如，某大型氢氟酸烷基化单元装置，可在全装置区范围考虑氢氟酸危害，而不必模拟特定的泄漏条件。毒性物质泄漏可能会导致以下问题：

- 室外浓度超过某一阈值。
- 室外暴露水平(浓度及暴露时间)超过某一阈值。
- 室内浓度超过某一阈值。
- 室内暴露水平(浓度及暴露时间)超过某一规定阈值。

有毒物质泄漏的内容将在第 7 章中详细讨论。

4 建筑物选址评估标准

4.1 介绍

建立建筑物选址评估标准可以用来确定建筑物内人员在爆炸、火灾或有毒物质泄漏时人员暴露程度，并与业主/运营方有关政策及标准相比较。选址标准可以有多种表达形式。基于后果的分析标准也可是基于暴露程度或基于后果的标准。基于风险的分析及选址标准必须明确地同时包含潜在暴露后果和频率。在API RP-752规程下，如何选择标准及最终防护等级，由该装置的业主或运营商负责。API RP-753则针对临时性建筑，给定了标准相关数据。

如果业主/运营商扩大建筑物选址评估范围，包括无人值守建筑物，则需另择标准以适用于具体目标。

建筑物选址评估中采用的标准须与分析方法保持一致。API RP-752规定，针对所有的危害，业主/运营商均可选用基于后果或基于风险的方法。间距表方法仅适用于火灾危害。

与基于后果的方法配合使用的标准并不处理危险事件的频率，并且可能属于下述类型：

• 暴露标准——发生在建筑物位置的危害，其大小已被业主/运营商限定在某一具体数值上。例如，某一建筑物暴露标准限定了其能承受的最大超压或热辐射危害，并特指在暴露条件下，所造成的无论是潜在的建筑物损坏情况还是潜在的室内人员伤害程度。

• 后果标准——对建筑物或人员的潜在危害影响被限定且低于业主/运营商所规定的某一具体数值。例如，当建筑物损坏程度成为爆炸危害的后果标准时，建筑物内人员伤害也应作为相关考虑项。

通常基于风险的标准，可以表示为个人风险或社会风险(CCPS，2009b)。美国并没有制定流程工业的相关风险标准，但美国防部爆炸安全委员会为其所属和承包商已经制定了高爆作业风险标准(DDESB，2009)。一些非美国司法管辖区有监管要求，要求中包含了具体风险标准。

间距表方法使用的标准是根据间距表提供的间隔距离，做合格与否的简单对比判断。

考虑现场具体条件的其他技术方法，例如，道化学火灾爆炸指数(AICHE，1994)和蒙德指数(ICI，1985)可用于优先评估的建筑物。这些指数不计算实际的暴露或后果等级；因此与API RP-752或API RP-753的爆炸和毒性评估要求不一致。然而这些指数可用于计算火灾间距，使间距满足间距表方法要求。

RP-752规程建议，应在确定建筑物选址评估结果前制定建筑物选址标准。用于制定标准的相关方法，其分析方法适用性研究及支持决策点的具体数据应记录在案。

4.2 人员伤亡率

API RP-752第一版和第二版中没有定义“人员伤亡率”这一概念。本书上一版本把人员伤亡率定义为像人员死亡或严重物理伤害概率一样是建筑物类型和超压下暴露程度的一个函数。RP-752第三版明确将人员伤亡率定义为“若潜在事件发生，建筑内可能遭受终身残废或死亡的人员比例”。而在RP-753中，没有定义人员伤亡率。

由于本书目的是针对可能暴露于主要工艺事件中的有人建筑物提供选址指南，而非评估人员安全，因此区分不同的伤害级别是十分重要的。因为很难预测轻伤人数，且没有广泛的数据支持，QRA计算被广泛用于预测死亡人数。RP-752所规定的伤害类型与简明伤害等级分类表(AIS)中的第5级或第6级是一致的，AIS严重级别的描述，详见表4.1。通过比较会发现，人员安全计划中的伤害等级，如某一OSHA可记录伤害通常对应AIS第2级，而OSHA工伤损失工时通常对应AIS第2级到第5级。因此，当选择人员伤亡率模型用以确定人员伤亡率时，理解伤害模型等级是很重要的。

表4.1 伤害等级简易分类(AIS)严重等级

AIS严重等级	严重程度	受伤类型
0	无	无人受伤
1	次要	皮肤外伤
2	中等	可以治愈的，需要医疗处理
3	较重	可以治愈的，需要住院治疗
4	严重	危及生命；缺乏细致护理可能无法完全恢复
5	非常严重	危及生命；不可恢复的伤害；即使有医疗护理也无法完全恢复
6	致死	无法生还，死亡

因爆炸、火灾和有毒物质危害，建筑物的存在以多种方式影响人员伤亡率。如果对常规建筑物造成严重损坏或倒塌的爆炸载荷作用于处于开放环境的人员时，建筑物将会变成潜在的爆炸伤害放大器，因为常规建筑物没有专门抗爆设计。暴露于爆炸危害中的建筑物，其内部人员的潜在伤亡直接与建筑物应力响应(损坏程度)相关，而非直接作用于该建筑物位置上的爆炸载荷。

与处于空旷环境下人群相比较，除爆炸危害外，几乎所有的建筑物都可以降低热辐射或中毒可能造成的直接伤害。但建筑物的存在也可能会延误有关人员立刻识别潜在危害，或错误选择留在建筑物内，导致失去安全离开此危险区域的最佳时机。因此，火灾和中毒危害标准应考虑人员留在建筑物内的持续暴露情况。

第5章、第6章、第7章分别讨论如何制定爆炸、火灾和有毒物质危害下的人员伤亡率模型。使用人员伤亡率标准的读者应在选择标准前首先阅读相关章节。

4.3 已建建筑物暴露于爆炸危害的标准

本章节涉及标准适用于已建建筑物。

4.3.1 爆炸危害下的建筑物暴露标准

建筑物暴露标准基于一假定前提条件，即存在一个最大爆炸载荷，该爆炸载荷引发建筑物的应力响应但建筑物内人员伤害情况又处于可容忍结果。为实现这一标准，必须充分了解某一具体建筑物或建筑类型的特性，并且暴露标准应限定建筑物的应力响应必须在可接受的水平内。暴露标准的某一使用案例中，某企业购买具有规定爆炸载荷性能(根据压力、冲量和应力响应允许值而确定)的抗爆模块(BRMs)时，限定该模块选址使用区域，确保该区域内的潜在爆炸载荷低于额定爆炸载荷。RP-753使用这种简化的暴露标准方法将划分区域边界。

4.3.2 建筑物后果(损坏)标准

建筑物损坏等级(BDLs)是一常用的建筑物选址评估标准，主要用于已有建筑物评估。建筑物的损坏随爆炸载荷增大而增加，可以表示为一个连续函数或离散函数。连续函数时，其比例是“损坏百分比”(DDESB，2009)。离散函数时，依据建筑物损坏等级(BDLs)进行分类，分类则是根据建筑物一系列不同损坏状态，从最小损坏到最终垮塌(Baker，2000)。建筑物损坏等级一般不用于新建筑物选址。新建筑物设计时应考虑其所在位置的潜在危害，并提供相应充分防护。章节4.6中论述此部分内容。

4.3.2.1 连续损坏函数

连续损坏函数是美国国防部爆炸安全委员会(DDESB，2009)使用的方法。

图 4.1 示例为某一高棚金属结构，表示损坏百分比是压力和冲量的函数。该方法的局限性是不易于识别已经造成影响的损害类型。而且建筑构件损害情况可能正在决定着建筑物结构的损坏百分比。

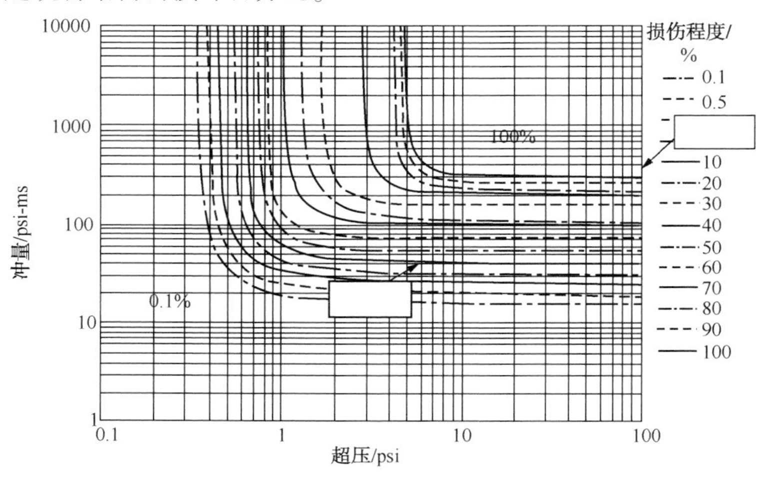

图 4.1 某金属结构高顶棚建筑物损伤曲线(约 40000ft²)(DDESB，2009)

4.3.2.2 离散建筑物损害等级

流程工业通常使用的离散建筑物损坏等级，如表 4.2 所示。该方法的一个优点是可以通过损坏描述表示损害性质。当使用离散建筑物损坏等级时，压力-冲量图可确定不同损坏状态之间的界限。压力-冲量曲线可以呈现出低损状态的上限，如图 4.2 所示。针对于砖石和金属建筑，建筑物损坏等级 2A 级、2B 级和 3 级的相关图解，如图 4.3~图 4.10 所示(承蒙爆炸合作研究组织提供一个联合工业调查计划)。

表 4.2 典型工业建筑物损坏等级描述(Baker，2002)

建筑物损伤等级(BDL)	损坏程度	损 坏 描 述
1	轻微的	建筑物受影响墙体有可见损坏
2A	较轻的	受影响墙体支撑构件永久性损坏并需要替换；其他墙体及屋顶有可见损坏，需要基本修缮
2B	中等的	受影响墙体构件倒塌或严重损坏。其他墙体及屋顶有永久性损坏并需要替换
3	严重的	受影响墙体倒塌。其他墙体及屋顶存在大量塑性变形，可能正接近初期垮塌边缘
4	倒塌	建筑物屋顶及大范围的墙体完全失效

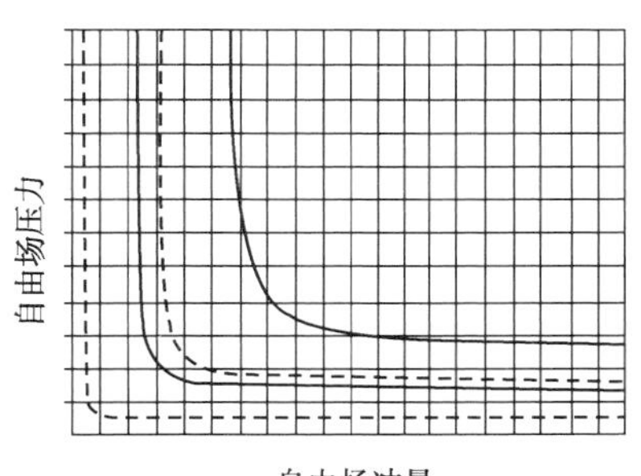

图 4.2 离散状态建筑物损坏等级曲线图解

图 4.3 砖石结构建筑物损坏等级 1 级
（照片由爆炸合作研究机构提供）

图 4.4 预制式钢结构建筑物损坏等级 1 级
（照片由爆炸合作研究机构提供）

图 4.5 砖石结构建筑物损坏等级 2A 级
（照片由爆炸合作研究机构提供）

图 4.6 预制式钢结构建筑物损坏等级 2A 级
（照片由爆炸合作研究机构提供）

图 4.7 砖石结构建筑物损坏等级 2B 级
（照片由爆炸合作研究机构提供）

图 4.8　预制式钢结构建筑物损坏等级 2B 级
(照片由爆炸合作研究机构提供)

图 4.9　砖石结构建筑物损坏等级 3 级
(照片由爆炸合作研究机构提供)

图 4.10　预制式钢结构建筑物损坏等级 3 级(照片由爆炸合作研究机构提供)

美国陆军工程公司(COE)使用一种变形的离散建筑物损坏等级，其中，建筑物损坏等级与人员防护等级直接关联(美国陆军 COE，2006)。美国陆军工程公司的建筑物损坏等级和防护等级，见表 4.3。美国陆军工程公司标准涉及的是一个损伤区域而非某一个受损建筑物。美国陆军工程公司所制定的标准是用于评估可能遭受恐怖分子炸弹袭击的建筑物易损性。一个恐怖袭击一般只会损坏部分建筑物，而非某一建筑物整体都有统一的损坏等级。一部分标准和行业标准近似的等价性参见表 4.4。

表 4.3　美国陆军工程公司(COE)建筑物损坏等级

损坏程度	建筑物防护等级	描　　述
外表损坏	高	无永久变形，设施可以立即投入使用
可修复的损坏	中等	受损区域内部和周围的空间可以使用，并在清理和维修后恢复功能
不可修复的损坏	低	不会发生连续倒塌，受损区域内部和周围的空间不可以使用
重度损坏	非常低	发生结构性坍塌。不会发生连续倒塌，受损区域内部和周围的空间不可以使用
严重损坏或失效	低于可接受水平	美国国防部(DoD)标准可能发生连续倒塌，受损区域内部和周围的空间不可以使用

表 4.4　行业和美陆军工程公司建筑物损坏等级对比

典型工业损坏等级	美国陆军工程兵部队损坏等级
1	外表损坏
2A	可修复的损坏
2B	不可修复的损坏
3	重度损坏
4	严重损坏或失效

4.3.2.3　防爆建筑物设计评估

暴露于设计爆炸载荷时，如果该建筑物已被专门设计用于抵御规定的爆炸荷载，则不应发生任何结构性倒塌或结构部件失效。此类建筑物可产生塑性形变。当建筑物暴露于设计载荷或潜在的更高载荷时，上文所述 COE 使用的方法提供了结构变形、建筑物损坏和防护等级之间的直接联系，因而适用于评估防爆建筑物的应力响应。

4.3.2.4　建筑构件损坏等级

关键结构部件的应力响应也可用于制定选址标准。例如，建筑物框架没有永久性(非弹性)变形，或所有外覆面与建筑结构必须保持连接。第 5 章详细论述结构部件损坏等级及与建筑损坏等级(BDLs)的关系。

4.3.2.5　建筑物损坏与人员伤亡率的相互关系

本章开始时谈到，设定有人建筑标准是为了限制人员潜在暴露的危害。一旦选定了某一建筑物损坏等级，则至少有一个人员伤亡率的估计值。

Oswald 和 Baker(Oswald and Baker，2000)开发了其中一个模型，人员伤亡率作为建筑物损坏等级(BDL)的一个函数，因而可以得到具体数值，还有一个是由美国国防部安全委员会开发的(DDESB，2009)。如表 4.5 所示，Oswald 和 Baker 定义了 10 种建筑物类型。根据这 10 种中每一种建筑类型，以及每一级建筑物损坏等级(BDL)所对应的人员伤亡率，请参见表 4.6。假定为标准建造物，且 50%人员分布在周边房间之内。

表 4.5　假设建筑物均为标准建造(Oswald and Baker，2000)

建筑物类型	建筑物描述	房顶	框架	墙
1	钢制框架，钢制外墙	金属顶板	是	金属面板和围梁
2	钢制框架，钢制外墙，混凝土顶板	有薄混凝土板的金属顶板	是	金属面板和围梁

续表

建筑物类型	建筑物描述	房顶	框架	墙
3	钢制框架，无筋的砖墙	有薄混凝土板的金属顶板	是	无筋砖墙
5	钢制框架，预制混凝土墙	预制混凝土顶板	是	预制混凝土墙
7	预制金属建筑	金属顶板	是	金属面板和围梁
8	钢制框架，配筋砖墙	有薄混凝土板的金属顶板	是	配筋砖墙
9	承重配筋砖墙	轻金属屋顶	否	配筋砖墙
10	承重无筋砖墙	轻金属屋顶	否	无配筋砖墙
11	钢筋混凝土框架，配筋砖墙	混凝土顶板	是	配筋砖墙
12	钢筋混凝土框架，无筋砖墙	混凝土顶板	是	无筋砖墙

注：建筑物类型 4 和 6 在参考文件中未使用

表 4.6　建筑物损坏等级对应函数关系的人员伤亡率/%(Oswald and Baker，2000)

建筑物类型	建筑物损坏等级				
	1	2A	2B	3	4
1	0	0.01	1.7	17.1	48.8
2	0	0.01	1.7	22.1	66.8
3	0	0.01	2	28.2	78.8
5	0.005	2	8.3	32.2	98.8
7	0.002	0.008	1.7	17.1	48.8
8	0.001	0.008	2.5	28.2	78.8
9	0.001	0.008	2.5	24.7	83.8
10	0.001	0.005	2	24.7	83.8
11	0.001	0.008	2.5	32.2	98.8
12	0.001	0.005	2	32.2	98.8

注：建筑物类型 4 和 6 在参考文件中未使用。

美国国防部安全委员会采用的方法，是针对一些预定义的建筑物类型，与建筑物的损坏百分比相对应的人员伤亡率进行了统计分布。美国国防部安全委员技术文件 14(DDESB2009)有相关方法的详细描述。

连续的和离散的人员伤亡率模型的主要区别是，连续模型(例如 DDESB 模型)假定了人员伤亡率和建筑物损坏都随着载荷的增加而连续增大。离散模型在建筑物损坏等级升级和人员伤亡率增大之前，需要额外的组件失效。

4.4 火灾标准

火灾暴露标准应基于间距表，有关建筑物的热辐射暴露等级，或建筑物人员伤亡率。下面逐一进行阐述。

4.4.1 间距表方法

RP-752 规程中的间距表被广泛应用于火灾危害。实际上，在 RP-753 临时建筑物选址的简明方法中，使用了最小间隔距离作为确定 1 区边界的的考虑因素，其原因之一是由于火灾危害(特别是可燃气体云)。

使用间距表方法时，应首先“制定”有关表格。CCPS 在“Guidelines for Facility Sitting and Layout”一书中的间距表或类似行业团体提供的方法均可适用。例如，道化学火灾爆炸指数确定指数方法也是行之有效的。但使用者应注意到，所用表格至少包括建筑物内人员防护部分，而不仅仅涉及设备防护。

4.4.2 建筑物火灾暴露标准

如果不采用间距表方法，则建筑物选址评估的基础工作是对该建筑物特定位置的潜在火灾暴露危害进行计算。如靠近池火或喷射火火源，选址标准可能包括热通量、热剂量(热通量与暴露时间相结合)，或内部温度。下文将逐项举例并对其优缺点逐一阐述。同时，也允许采用其他备选标准，只要该标准符合火灾暴露原则，并被某企业或装置的长期运营经验所证明。

4.4.2.1 *存在可燃气云时的标准*

未被点燃的易燃气云由于自然空气对流和机械通风可能被抽入建筑物内部，存在这样的易燃气体云将对建筑物内人员造成危害。

必须根据扩散分析或其他计算方法估算易燃气云潜在的扩散范围。易燃气云扩散范围可以根据可燃下限(LFL)、可燃下限的分数或可燃下限的倍数。应注意，一些企业根据建筑类型、建筑物通风和易燃云团存留时间(即易燃云团出现于建筑物地点的时间)采用多重标准。可燃下限的倍数可用于短期事件的标准。常用变量包括：

- 通风形式——自然通风或强制通风。
- 快速及自动密封建筑物和关闭通风系统的能力。
- 可以报警和(或)自动关闭通风系统的可燃气体探测器。

如果建筑物封闭相对严密或处于正压下，或者易燃气云在建筑物短时间存留时，企业可选择较高浓度(可燃下限的倍数)。完全开放式或强机械(强制性)通风率的建筑物而言，可选择较低浓度(可燃下限的分数)。

4.4.2.2 建筑物附近火灾的标准

发生在有人建筑物附近的火灾会威胁到建筑物内的人员。根据这些威胁可以制定有关标准，如表4.7所示，且适用于池火和喷射火。这些标准表示方式反映了火灾到建筑物的相对距离。

表4.7 建筑物附近可能发生火灾的标准

通用标准	可用的原则	优点	缺点
火灾火焰冲击建筑物	如火灾接触到建筑物，可能造成不可接受的危害	保守	利用一个模型计算喷射火冲击，提供一种更直接的影响措施，如热通量
火灾火焰吞噬建筑物	假定建筑物内人员在火势较小时可能逃离	考虑正确无误的能力	意味着如建筑物不被吞没的话总有逃生可能。
火源距离小于规定间隔距离	“传统”的用于建筑物选址的间距表	简单方法	工艺条件和存量的考虑不精确(如果存在)，通常因过分保守而非必要

4.4.2.3 建筑物暴露于热通量的标准

建筑物所在位置的热通量和热剂量(热通量与时间的组合)可作为评估发生外部火灾时人员是否允许留在建筑物内(或能安全逃生)的标准。这些标准可以评估允许人员在建筑物内的停留时间，并与应急响应计划结合使用。表4.8列出各家企业的一些相关标准。

表4.8 建筑物热通量暴露标准

通用标准	使用的原则	优点	缺点
建筑物外部暴露在特定热通量下	(1)火灾避难场所 在给定的热通量率下，建筑物内人员将最终暴露于无法忍受的室内温度下，或因为通过墙壁传导或者因建筑物完整性被破坏(如窗户破损) (2)火灾疏散 在给定的热通量率下，建筑物内人员将无法安全逃生。注意，该通量等级可能与上述第1条通量不同	应用简便，假定的泄漏和热辐射模型适用	对一些常见的热模型(如喷射火)可能过于保守。这种方法未考虑暴露持续时间或人员逃离建筑物的能力，也是就地避难理念需要重点考虑的
建筑物外部暴露在特定热剂量下	建筑物内温度上升速度取决于热通量和持续时间	可能更适合短时火灾事件	如果热剂量足够大，可能点燃建筑材料，在这种情况下，可能与事件持续时间无关。该方法计算更复杂，因此不频繁使用

4.4.3 基于人员伤亡的火灾标准

这是一个更直接也更复杂的标准，不是选择一组建筑物的特点就是选择暴露时间来识别对建筑物内人员的实际影响。表4.9探讨了这些标准。在这里，采用定量方法估算死亡概率，这个概率可从数据表中查表获得，也可使用诸如Probits热模型的数学模型计算获得。

表4.9 热辐射对人员影响标准

通用标准	使用原则	优 点	缺 点
人员伤亡率（简化）	设计一个粗略方法计算火灾中建筑物内人员伤亡概率	用一个易于使用的表格形式合并相关变量的特性。易于整合到风险评估中	不能完全表示所有相关变量的所有状态
人员伤亡率（复杂）	设计一个详细方法计算火灾中建筑物内人员伤亡概率	计算辐射强度和持续时间，可使用热辐射Probit模型或类似方法。易于整合到风险评估中	计算非常困难，因输入的假定条件不同，结果可能差异很大。例如建筑物墙体的传热速率，建筑物内人员采取的降温对策

人员火灾暴露只是建筑物内部高温度情况（即建筑物保持完整，没有有毒烟雾进入，也没有直接热辐射），模型只涉及温度对人员的影响。

4.4.4 烟

暴露火灾导致的烟气暴露没有具体的标准。但是除了上述确定的火灾暴露标准外，应适当地考虑烟对人员伤亡率的潜在影响。

潜在的问题有：

- 昏暗——如火灾标准或减灾措施假定了人员从暴露建筑物中逃生，那么应该定性评估逃生通道是否被烟封锁而影响安全逃生。
- 一氧化碳——如果建筑物在火灾热影响下是安全的，并且被指定为就地避难场所，则必须考虑建筑物内存在高浓度一氧化碳的可能性。
- 二氧化碳——在火灾中产生的二氧化碳的浓度通常不会有毒，但其浓度的增加会引发呼吸急促，可能导致加速吸入有害的其他燃烧产物。
- 氧气减少——应考虑氧气减少或空气中所含颗粒物对建筑物内人员及疏散的人员影响。
- 有毒的燃烧产物——某些化学火灾可能产生高毒性的燃烧产物。如有这样的化学品，应予以特别关注。

并非每幢建筑物都需考虑烟的影响，特别是当建筑物与火源有效隔离时。但选定为火灾避难所就地避难时，必须考虑烟的影响。当人员无法撤离时，比如焦化装置操作人员和吊车司机等处于建筑物高处，无法向下撤离至火场，也应考虑烟的影响。

4.5 毒性暴露标准

火灾暴露标准中使用的许多原则也可以应用于毒性暴露。如上述讨论一样，毒性暴露标准即可以根据建筑物暴露水平，也可以考虑对建筑物内人员的相关影响。这两种方法论述如下。

急性毒性暴露的两个常用措施，规定如下：

应急响应计划导则(ERPG-3)——“最大空气中飘浮浓度是指几乎全部人员经历最多1h的暴露时间，不会危及生命影响健康。”(美国工业卫生协会AIHA，2009)，引自RP-753。

立即致死浓度(IDLH)——“该浓度是指在30min暴露时间内，工作人员可以逃生且没有受伤或遭受不可逆转性伤害。”(美国职业安全与卫生研究所NIOSH，1994)

针对可能暴露于有毒气云情况，评估建筑物位置及规划的接受性，最常用方法是根据有毒气云存在的一定浓度。这是一种与建筑物选址方法类似的简化方法，建筑物选址方法仅考虑了爆炸超压危害。还有一些研究气云持续时间和侵入影响的方法，可以实际评估人员的潜在危害。对各种方法，下面将给出示例，并说明其优缺点。实际中也可能使用其他方法。

4.5.1 存在毒性气云的标准

毒性气云可能通过自然对流和机械通风浸入建筑物，伤害建筑物内人员。常用标准，详见表4.10。RP-753将ERPG-3归类为临时性建筑物标准。

表4.10 毒性危害的常用选址标准

通用标准	使用原则	优　点	缺　点
建筑物外部暴露于多种浓度的毒性气云(如ERPG-3或IDLH)	将建筑物外部浓度转化为内部浓度，并判定是否大于等于毒性阈限值，阈限值应根据假定的气云持续时间和通风速率设定	应用简便。适当情况下可以假设建筑物完整性没有受初始事件影响	设立保守标准(最高通风率/最长持续时间)，以避免在模型中遗漏重要的建筑物。模型通常基于建筑物内空气最充分混合。这种混合方式可能并不保守。详见本表格后续探讨

续表

通用标准	使用原则	优　点	缺　点
建筑物外部暴露于指定浓度的毒性气云	建筑物内部部分暴露于有毒气云	应用简便。更适合于夏季中的仓库等完全开放结构的建筑物，并直接面对泄漏源	对于“封闭”的、有多个逃生出口的、或可以长期供应空气用于就地避难的建筑物，该方法可能过于保守

如前述的火灾危害一样，许多业主/运营商根据不同的建筑物类型和建筑物通风情况采用不同的浓度/持久性标准。毒性事件相关常用变量包括：

- 通风形式——自然通风或强制通风；
- 快速/自动的密封建筑物/关闭通风装置的能力；
- 可以报警和/或自动关闭通风装置的气体检测器；
- 有进气洗涤、备用呼吸用的空气气源，或逃生气瓶；
- 在建筑物位置存留时间方面，设定有关的场景。

4.5.2　基于人员暴露的毒性标准

除人员因中毒无法移动以及毒性事件会持续较长时间情况外，常用毒性衡量措施(ERPG-3 和 LDLH)不得直接等同于“致死”。对于大多数化学品(和健康人群)，暴露于 ERPG-3 或 IDLH 浓度数小时才可大于致死边际概率。设定工人暴露标准时，并非要弱化 ERPG-3 或 IDLH 的使用，而仅仅是一个提示：风险分析过程的 Probit 方法较 ERPG/IDLH 方法通常反应出与所关注的浓度有较大的脱节。因此，另一种标准同样以 Probit 模型为基础，规定假定的暴露持续时间的浓度，例如假设持续暴露 1h，达到指定死亡概率的预测浓度。

英国健康与安全委员会结合这一理念，发布了各种各样化学品在不同影响程度下的相关毒性剂量值。毒性伤亡率标准，如表 4.11 所示。

表 4.11　毒性伤亡率标准

常用标准	使用原则	优　点	缺　点
室内浓度	已知室外浓度，计算室内浓度分布	比外部浓度方法更直接反应对人员的影响	结果因输入的假设条件而异。例如，建筑物的换气速度
人员伤亡率(简单)	因毒性物质泄漏，建筑物内人员受伤或致死概率的近似计算	用一个易于使用的表格形式，合并相关变量的特性。易于整合到风险评估中	不能充分解决所有情况的所有相关变量

续表

常用标准	使用原则	优　点	缺　点
人员伤亡率(复杂)	因毒性物质泄漏，建筑物内人员受伤或致死概率的精确计算	计算暴露强度和持续时间，可使用浓度/时间 Probit 模型或类似方法。易于整合到风险评估中	结果因输入的假设条件而异。例如，建筑物的换气速度。Probit 方程仅对有限数量的化学品适用，某些情况下，来源不同，变化显著

在 CCPS(2000)和 Mannan(2005)书中给出了 probit 分析的简介。Probit 常用于基于风险的评估，估算给定暴露条件下的死亡概率。

4.6　改造和新建建筑物的标准

改造和新建建筑物应在其预期位置上对潜在危害设计防护措施。当建筑物位于低危害或低风险区时，常规施工是可接受的。当常规施工无法适用于爆炸、火灾和有毒物质泄漏危害时，需要进行专门的设计。

由于建筑物的改造和新建均涉及设计过程，业主/运营商应向设计人员提供风险可接受标准，以确保其可达到所预期性能水平。爆炸应力响应可能包含建筑结构部件最大允许变形等相关标准。火灾标准通常表示为建筑物外部组件在火灾中可耐受的暴露时间等方面的内容。毒性防护标准应包括建筑物气密性和空气处理系统的特性(气体检测、联锁条件等)。

改造和新建建筑物标准的描述，参见各章节危害部分。

4.7　风险标准

4.7.1　个人风险标准

就个人风险而言，通常都有一个上限，并且不能接受超过上限的风险，这时必须采取措施降低风险。

图 4.11 摘自 HSE(2001)，进一步阐述了这一概念。如果风险位于顶部区域，所属活动则处于不可接受区。不论这些活动有何好处，都必须采取措施，降低风险。

在“可容忍”区域的风险，主要工作目标是进一步降低风险，使风险最低合理可行(ALARP)。换言之，风险在 ALARP 可容忍区的行为，需进一步降低风险，且风险削减程度可通过合理配置资源得以实施。

图 4.11 中，在可容忍区的较高风险行为(接近不可接受区)，比较那些风险较低的行为，可能需要按比例投入更多资源的来降低风险。在某些时候，从成本效益角度，此类风险又变得广为接受，而且不会采取进一步降低风险的措施。

图 4.12 给出了一个基于三层风险架构的类似模型。该三层架构的衍生方案被政府机构和企业广泛采用，用于解决重大危险源场所有关的土地使用规划问题；有时，“3 层”被删除，作为鼓励持续改进的一种措施(CCPS，2009b)。与图 4.11 一样，图 4.12 给出了一个上限值 R_u，超过该上限就必须采取降低风险措施和/或进行额外的评估。与此相对应，也可能有一个下限，低于此下限则不需要进一步降低风险，而且继续投入更多资源在已经非常低的风险上，以求进一步降低风险是严重不切实际的。实际上，由于占用了其他高风险的资源，努力降低已经很低的风险可能会适得其反。

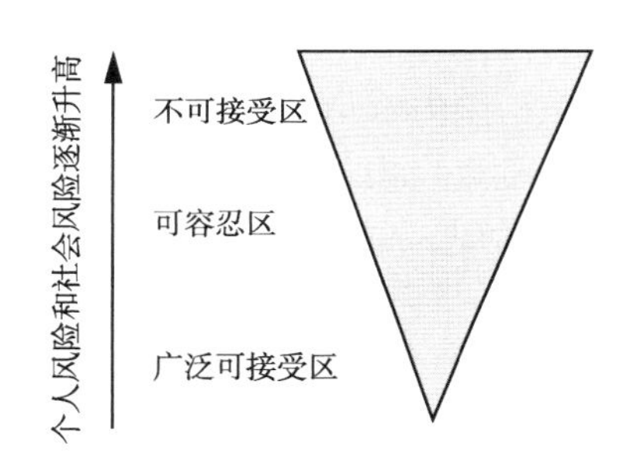

图 4.11　HSE 可容忍风险水平(HSE，2001)

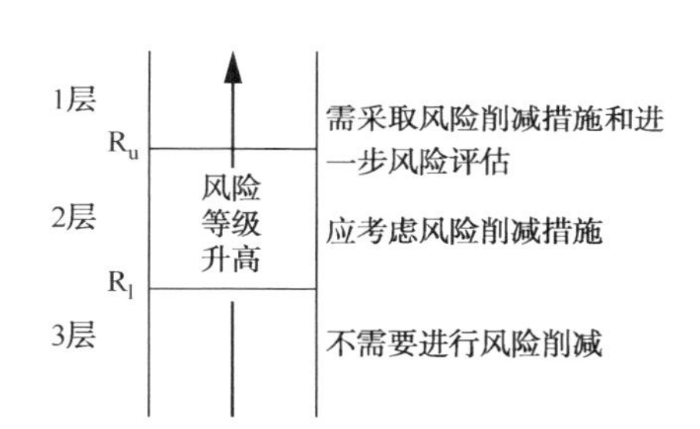

图 4.12　三层框架风险说明

两个边界间是灰色地带，在此区域中，降低风险的决策过程并不太清晰，应进一步分析风险削减措施。

此区域的风险等级没有高到必须采取风险降低措施，也没有无关紧要至可以忽略。2 层表示图 4.11 中 ALARP/可接受区域。在此区域内，选择任何风险削减措施都应考虑实用性、风险消减程度和成本。《Tools for Making Acute Risk Decisions with Chemical Process Applications》(CCPS，1994a)一书中对如何做出这些决策提供了指导意见。

表 4.12 中列出了一些国家公布的可容忍标准。这些推荐标准反映其广泛应用(从运输风险到新建住房)，但不能直接应用并解决工艺装置建筑物的问题。这些标准是引自《Guidelines for Developing Quantitative Safety Risk Criteria》(CCPS，2009b)，这本书其他示例包含全世界许多个人和总体(社会)风险标准。

表 4.12 个人风险标准样本比较

来 源	个人风险标准	
	格式/范围	数值(每年)
英国安全与健康执行局(UK HSE)	工人的风险上下限	$R_u=1\times10^{-3}$ $R_l=1\times10^{-6}$
西澳大利亚洲	工人的风险上限	$R_u=5\times10^{-4}$对于新建设施
美国国防部(US DoD)	爆炸品操作工人的风险上限	$R_u=1\times10^{-4}$
国际海事组织(IMO)	船员的风险上限	$R_u=1\times10^{-3}$对于现有船只 $R_u=1\times10^{-4}$对于新船

4.7.2 社会风险与总体风险标准

社会风险是用于描述考虑处于危险中人员数量的风险程度的一个通用术语。多数已发布的社会风险标准是参照装置外人群(如公众)。

总体风险是社会风险度量的一个具体类型，用于表示单个建筑物内的人员风险，而非某一偶然事件的风险(可能影响多个建筑物内的人员和户外的人群)。现场建筑物内人员的总体风险标准往往比一般公共场所的社会风险标准更为严格。应用于现场人员的风险标准考虑因素与用于装置外人群的风险标准不同。例如，现场人员通常接受过与其操作相关的潜在风险教育，并进行过应急响应行动培训，包括逃生程序。相反，一般公众可能无法意识到风险或者采取适当的应急行动。

图 4.13 给出了一些用于各管制区内装置外人群的社会(公共)风险标准。但是由于工人群体和一般公众的重要差异，针对一般公众风险开发的 $F-N$ 标准曲线可能不适用于现场建筑物内人员总体风险的评估。因此，一些企业可能选择开发本企业具体的总体风险标准，这些标准可以体现该企业自身对影响工艺装置建筑物内人员的现场事件的风险容忍程度。风险可以是按建筑物内人员个体合计，或者按全厂所有建筑物内人员合计；其他级别的汇聚后合计也是可以的。

值得注意的是，最新 HSE 标准(HSE，2001)是一个点，不是一条线(“…单一事件中，事故导致 50 或更多人员死亡，如事件频率预计大于 1/5000 次每年，则风险应视为不可接受。”)还应注意，社会风险 $F-N$ 标准曲线最初开发是用于装置外人群的，大多数曲线延伸至数百人或甚至数千人死亡。任何工艺设施很少有人员密度如此高的建筑物。实际上，通常仅采用这些标准的左侧部分来评估现场有人建筑物的总体风险。制定标准也可基于建筑物单体，这样的标准通常比整个现场总体的标准更严格。总体风险标准应说明其基础(例如全场或对于单个建筑物)也

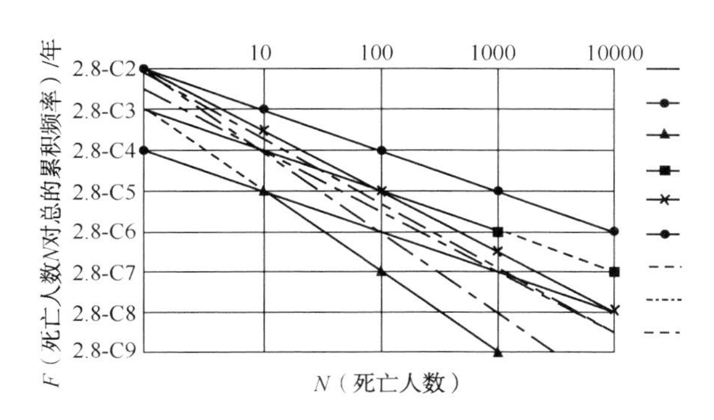

图 4.13　社会风险强制可接受标准(CCPS，2009b)

可基于“期望值”确定标准，与 $F-N$ 曲线类似。只要矩阵的轴线由数值定义，且每一轴线两个邻近等级之间范围不过大，风险矩阵方法也是被允许的。

需要建立风险标准的业主/运营商，可参考 CCPS“定量安全风险可接受标准确定导则”(CCPS，2009b)了解更多信息。

5 爆炸危害

5.1 介绍

本章介绍爆炸危害评估方法，假定以上述章节中已选定的场景和标准为基础并根据 RP-752 规程，给出了评估流程，参见图 5.1。

本章节所述内容适用于基于后果及基于风险的有人值守建筑物的选址研究。暴露于外部爆炸的建筑物对其内部人员的危害源自建筑物碎片及建筑物倒塌。因此，爆炸危害评估应包括建筑物损坏评估以及相关人员伤亡率评估。

5.2 选择爆炸评估方法

业主/运营商既可以选用基于后果的方法，也可选用基于风险的方法，进行建筑物选址评估。这两种方法均适用于新建或已建建筑物。不同的是，当新建建筑物采用基于风险的方法时，必须向建筑设计人员提供符合定量风险评估假设条件的爆炸载荷和建筑物应力响应标准。

在基于后果的方法中，一种是假设发生一定规模的泄漏事件，并根据泄漏工况计算爆炸载荷。泄漏工况通常选定泄漏方向，并使得气云进入堵塞或者封闭区域，并考虑对具体建筑物产生的最大载荷；另一种基于后果的方法是假设某一个“充满单元”，但并不确定具体泄漏工况。

基于风险的选址方法中，风险分布主要基于历史发生的各种规模的泄漏频率、蒸气云沿规定方向的扩散概率、以及泄漏物料的被点燃概率。给定泄漏工况和点火条件时，易燃蒸汽云的规模和爆炸强度可作为确定函数。根据计算的爆炸载荷，建筑物的应力响应等级同样认为是定值。爆炸强度和确定载荷下的建筑物应力响应等级的不确定性评估不在本书讨论范围之内。

通过评估待处理物料的固有性质以及可用存量的估值，并审议工艺设备的实际配置和布局（相关讨论见第 3 章）可以分析潜在爆炸场景。然后进行计算以确定

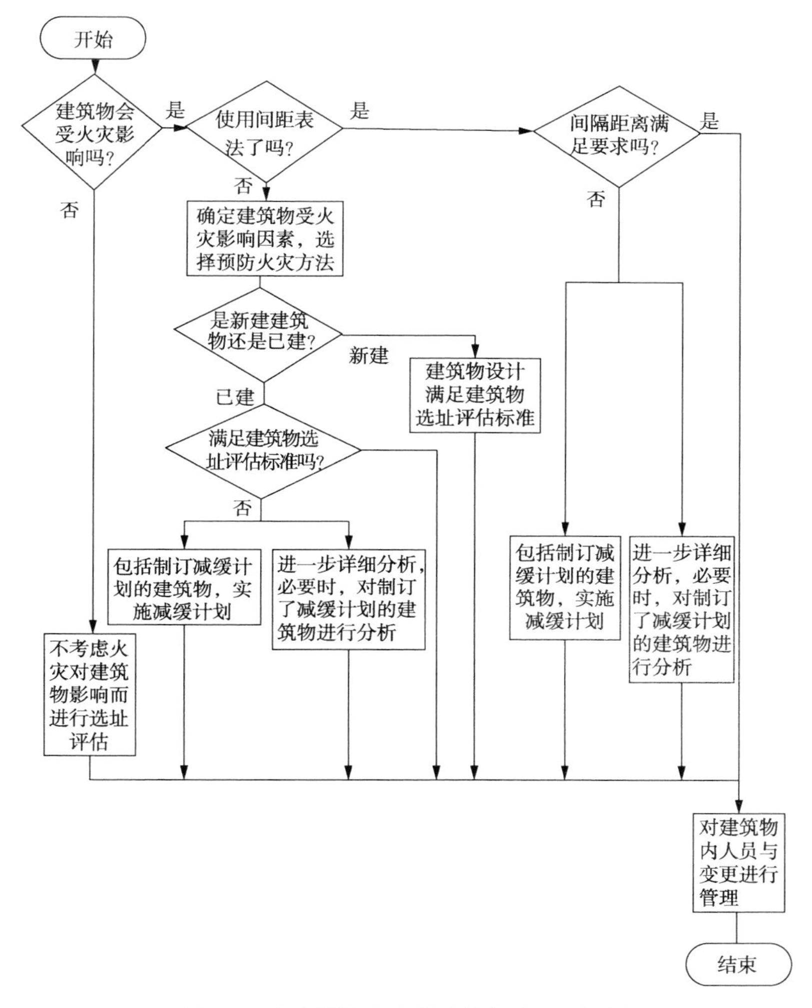

图 5.1　考虑爆炸危害的建筑物选址逻辑图

潜在的爆炸影响，计算时应考虑加强或削减潜在后果的现场具体因素(如蒸气云爆炸，密闭程度、拥塞程度和燃料反应活性)。然后根据所得的爆炸载荷来确定建筑物应力响应(损坏)程度，并判断该应力响应是否满足根据业主/运营商或监管机构规定，以及已预先制定的标准(相关讨论见第 4 章)。

RP-752 仅针对暴露于潜在爆炸危害的有人值守永久性建筑物，并对其爆炸危害选址研究加以考虑。RP-753 具有相同的规定，并允许业主使用简化方法或详尽方法对临时性建筑物进行选址评估。本章所述方法适用于 RP-752 以及 RP-

753的详尽方法。由于RP系列标准已全面解决了RP-753简化方法的实施问题，故本书不做介绍。

本章为参与建筑物爆炸评估以及从事建筑物抗爆设计和改造的分析人员提供相关信息汇总。涉及领域包括爆炸参数的简述、发生潜在爆炸时，超压下建筑物应力响应评估，以及建筑物防爆设计和施工中的重点考虑因素。

5.2.1 已建建筑物的评估

对于大部分有人值守建筑物的选址评估工作主要针对建筑物现有结构。评估建筑物现有结构是工厂建筑物选址初始评估的一部分，也可以在变更建筑物用途(由“未使用”变为“计划使用”)时执行，也可以在工厂变更操作时，并可能增加或降低装置爆炸载荷时执行。已建建筑物改造时，也应重新评估建筑物。

评估某一已建建筑物时，工程师应现场检查建筑物，并书面记录建筑物结构类型、已使用时间、门窗位置及屋顶安装的设备。有条件情况下，应获得工厂竣工图或设计图纸。由于未知(无法看到或无文件记录)结构情况下的假设会使建筑物性能有很大的不同，因此分析人员根据建筑物建造时间及地理区域设定合理假设条件，并且假定条件应符合当时当地的建筑规范和实践规程。材质种类以及具体连接细节可能随着时间而演变。例如，某一20世纪50年代美国建造的钢结构框架建筑物，其钢材静态屈服强度不低于33000psi，这样的假设是合理的。但类似50000psi高指标的假设就难以自圆其说，同样类似26000psi非常低指标的假设也是不必要的。美国国家公路和运输协会(AASHTO)颁布了基于建造年限的材料性能选择指南(AASHTO，2010)。

评估过程应书面记录使用的建造材料及其来源，并作为选址研究的一个重要组成部分。

5.2.2 新建筑物的选址和设计

不论是已建建筑物进行修缮或改造，还是建造全新建筑物，施工工程涉及的选址和设计均与已建建筑物的处理方式大致相同。根据装置多个可能位置的爆炸载荷，比较不同建造类型的预期应力响应，用以确定建筑物位置并选择建造类型。该比较过程也属于建筑物设计或选址评估过程的必要组成部分。建筑物的后续设计应符合建筑物选址评估标准。

5.3 爆炸危害的建模与量化

RP-752第三版要求必须量化爆炸危害的超压、爆炸冲量或超压以及持续时间才能完成建筑物评估工作。较之原先版本仅从超压角度讨论爆炸危害已有显著变化。

5.3.1 蒸气云爆炸(VCEs)

在很多现场，爆炸危害主要来自蒸气云爆炸(VCEs)。这种爆炸是因扩散蒸气云处于拥塞空间内燃烧而引发，并且该空间所包含的障碍物可诱发湍流。火焰自我加速并产生超压波向周围环境传播。该超压会损坏建筑结构以及非承重结构元件，并可能导致建筑物内人员伤亡。

依据所需细节、场景详情、周围环境的几何形状以及分析人员挑选的分析工具，蒸气云爆炸(VCE)的后果可以通过许多不同的途径预测。如果在分析中使用一个以上数据资源密集型的方法时，某些程度的简化也许能够评估更多的场景。当更详尽或更复杂的蒸气云爆炸(VCE)计算模型通常能得到更为精确的潜在爆炸载荷。

CCPS 发布的《Guidelines for Vapor Cloud Explosion, Pressure Vessel Burst, BLEVE and Flash Fire Hazards(第二版)》(CCPS, 2010)一书，详细介绍如何计算这些爆炸事件。下文介绍建筑物选址中有关蒸气云爆炸的预测流程一般性概述。模型大致可分为两类：

- VCE 爆炸曲线法
- 数值法

VCE 爆炸曲线法(例如，Baker-Strehlow-Tang[BST]、TNO 多能法[MEM]和壳牌拥塞评估法[CAM])通过查曲线来确定爆炸载荷参数。该爆炸曲线针对VCEs，且预测严重程度范围(CCPS, 2010)。相关方法完整过程如下：

(1) 预测爆炸能量。本步骤是预测爆炸中消耗的燃料质量。在最严格模式中，该预测基于扩散模型以及预测蒸气云与拥塞/受限空间的交集。在简化分析中，可以假设蒸气云充满拥塞空间。计算接近地面的爆炸时，所选择的爆炸曲线应考虑地表反射系数。

(2) 预测爆炸严重程度。使用所选方法允许的变量，预测严重程度数(CAM和 MEM)或火焰速度(BST)。将严重程度或火焰速度保守简化构成的假设，爆炸压力估值相较于严重程度也将偏高。

(3) 确定建筑物无量纲曲线的爆炸参数。该爆炸曲线根据严重程度/火焰速度、能量、以及间隔距离(爆炸源到受体间距离)确定超压规模、冲量/持续时间以及其他参数。

(4) 无量纲爆炸参数。使用大气压、爆炸能量以及声波速度将无量纲的爆炸参数转化为量纲参数。

(5) 利用反射系数和其他纠偏修正措施。爆炸预测可利用反射系数以及其他纠偏因素说明对现实环境几何结构的影响。将爆炸载荷提供给执行结构评估的分析人员时，应明确压力和冲量是自由场(事件本身的)还是反射场(应用的)。

数字模型，如流体动力学计算(CFD)规范是爆炸曲线法的另一种替代方法。数字建模技术通常反映工厂实际的几何构造，并包含细化的改进措施，如点火位置、浓度梯度、燃料反应活性、火焰加速度等。这种高水平的纠偏修正更适合于简化评估的爆炸载荷的细化改进。细化改进措施必须投入合理的资源成本，特别是那些具有可能屏蔽爆炸冲击或者聚焦爆炸冲击的复杂几何构造。流体动力学计算(CFD)预测拥塞区域内部爆炸载荷特别有用。

5.3.2 压力容器爆裂

顾名思义，压力容器爆裂(PVB)是另一种爆炸类型，特指承载高压气体的压力容器破裂。在压力容器爆裂(PVB)中，“压力容器”不仅限于 ASME 规范中定义的压力容器，还包括任何可能形成显著高压的容器或壳体爆裂(PVB)。一旦爆裂，压缩气体瞬间膨胀产生冲击波由爆炸源向外传播。容器的壳体及其外部连接附件被一起抛出，形成碎片危害。容器内承载物料是易燃物质还是活性化学品并不重要，因为惰性气体、混合物以及易燃/活性化学品均会发生压力容器爆裂(PVB)，压力容器爆裂(PVB)仅涉及容器所承载的压缩气体释放能量。

容器失效时，其内部过热液体闪蒸现象也能产生爆炸能量，但属于另一种单独的爆炸类型，称为沸腾液体膨胀蒸气爆炸(BLEVE)。

压力容器爆裂(PVB)后果的必要分析流程如下：

(1) 收集下列基本数据，包括容器液位、失效压力、流体温度、流体组分以及热力学参数；

(2) 计算存储在容器内的压缩气体的爆炸能量；

(3) 根据爆炸能量计算受体的无量纲基准距离；

(4) 根据爆裂容器爆炸曲线确定受体的无量纲爆炸参数(压力和冲量)；

(5) 根据无量纲爆炸参数计算建筑物爆炸载荷；

(6) 根据反射系数等因素纠偏和修正实际环境影响；

(7) 如可行，应预测爆炸碎片飞溅范围。

因为工厂大部分建筑物被击中的可能性很低，建筑物选址评估很少考虑飞溅的爆炸碎片。但在可以预测碎片飞溅范围的情况下，碎片对有人建筑的影响应引起关注。

与蒸气云爆炸(VCEs)一样，因为已存在其他更适合的模型，目前公认TNT当量模型已不适用于对压力容器爆裂(PVB)的预测。CCPS发布的"Guidelines for Vapor Cloud Explosion, Pressure Vessel Burst, BLEVE and Flash Fire Hazards"，第二版(CCPS, 2010)第8章，详细描述了压力容器爆裂(PVB)的预测流程。

5.3.3 沸腾液体膨胀蒸气爆炸(BLEVEs)

当有充足的疏散路线和时间可用时，疏散是保护人员免受沸腾液体膨胀蒸气爆炸(BLEVE)伤害的典型减灾措施。但作为选择，管理者通常会对建筑物进行评估，如果出于某种原因致使人员滞留建筑物内或没有足够的安全疏散时间。液体储存温度高于该液体正常大气沸点并且存储容器发生灾难性失效时，会导致沸腾液体膨胀蒸气爆炸(BLEVE)。如果容器丧失密闭性，容器内部液体表面压力下降，液体将随之迅速沸腾。沸腾液体膨胀与蒸汽扩张引起的压力波在周围环境中传播，并且可能导致传播区域内的人员和建筑物损伤。容器破裂后，容器碎片和部件会被沸腾液体膨胀蒸气爆炸(BLEVE)抛出很远的距离。如果该液体易燃，闪蒸液体会形成火球，对该区域内人员和建筑物形成热脉冲伤害。沸腾液体膨胀蒸气爆炸(BLEVE)预测普遍遵循的方法论需要考虑到压力容器破裂以及液体介质所含能量对爆炸的综合效应。CCPS发布的"Guidelines for Vapor Cloud Explosion, Pressure Vessel Burst, BLEVE and Flash Fire Hazards"，第二版(CCPS, 2010)第8章，详细介绍了沸腾液体膨胀蒸气爆炸(BLEVE)的预测流程。

5.3.4 凝聚相爆炸

凝聚相爆炸可能发生在化工厂，而炼油厂则比较少见。凡辨识某一凝聚相爆炸场景时，通常使用TNT当量爆炸模型，并根据化学品施加适合的效率或产能因子。本类型模型同样适用于推进剂、失控反应、分解反应及其他快速反应过程。分析流程如下：

(1) 估算事件中释放能量；

(2) 确定适当的效率或产能因子；

(3) 根据产能修正释放能量；

(4) 根据能量值确定与距离的对应关系(高爆冲击曲线为无量纲曲线)；

(5) 确定爆炸曲线(注，不包含后果严重度因子)的爆炸参数(超压和冲量)；

(6) 无量纲化爆炸冲击参数；

(7) 利用反射系数等其他因素来模拟实际环境中的影响。

CCPS出版的《Guidelines for Vapor Cloud Explosion, Pressure Vessel Burst, BLEVE and Flash Fire Hazards(第二版)》(CCPS, 2010)一书详细描述了凝聚相爆炸。

5.4 爆炸危害下的建筑物应力响应

5.4.1 综述

自19世纪初期起，针对偶发或者蓄意的爆炸破坏，建筑物抗爆设计已开始向科学化、系统化方向发展，自本书的上一版本发布后，防爆设计需要的资料及方法已得到广泛传播。美国土木工程协会(ASCE)、实用流程工业协会(PIP)、美国国防部、挪威石油标准化组织(NORSOK)以及英国土木结构工程师学会均发布便捷易用的指导性文件，详见表5.1。其他在建筑物爆炸冲击影响领域积极开展研究工作的组织有爆炸研究协会、美林凯·奥康纳(Mary K. O'Connor)过程安全研究所、火灾爆炸信息组织(FABIG)。火灾爆炸信息组织(FABIG)重点针对海上结构的火灾爆炸问题，并提供了大量技术文件和指导性意见，协助技术人员理解一些相关技术问题。

在本章其他内容概述爆炸危害的建筑物应力响应。

表5.1 防爆设计近期出版物

颁布组织	名称	摘要
美国陆军工程公司、防护设计中心	用于反恐设计的单自由度结构应力响应限制	2008年颁布，描述了建筑物或建筑部件损毁与部件应力响应极限值之间的直接关系，广泛的关注了加筋和无筋砖石结构建筑、钢结构、混凝土、预应力混凝土以及木构件。在本书中，受损程度与人员伤亡数无直接关系。在第三章中将建筑物损毁定义为离散状态予以讨论(USACOE，2006)
美国国防部、炸药安全委员会	技术文件14——基于一次性爆炸风险的国防部核定方法及算法，修订版本4，2009年7月21日	为多种建筑物类型和建筑组件提供了P—I损毁曲线，并为每一种建筑物类型提供了人员致死率，并作为建筑物损毁一个函数。如第3章中讨论，建筑物损毁被定义为连续函数(DDESB，2009)
美国土木工程学会	石化设施的建筑物防爆设计规范	1997年颁布并于2010年更新，对相关问题进行了全方位讨论，包括建筑组件应力响应极限和载荷，但不涉及建筑物损毁和人员伤亡率(ASCE，2010)
挪威石油标准化组织NORSOK	钢结构设计规范	2004年颁布，主要用于近海结构，并提供应力响应极限和设计图表表示承载函数形状以及显现出的薄膜效应。仅涉及钢结构部件(NORSOK，2004)
建筑工业学会	PIP标准STC 01018建筑物防爆设计标准	2006年颁布，提供有关设计和分析方法的相关信息，以及结构部件变形的极限值

续表

颁布组织	名称	摘要
英国土木结构工程师学会	建筑物的爆炸影响，第2版	2009年颁布，对建筑物在高能爆炸和爆轰，以及由于工业、蒸气云及粉尘爆炸引起的爆燃条件下的防爆设计提供指导性意义

5.4.2 建筑物损毁等级(BDLs)

第3章和第4章已讨论过建筑物损毁等级(BDLs)这一概念。本章介绍方法是根据底层结构部件应力响应计算建筑物损毁等级(BDL)。当确定某具体类型的建筑物损毁等级(BDLs)是根据过往历史事故经验数据时，如第4章表4.5所示内容，建筑物损毁等级(BDL)可以根据压力-冲量(P-I)曲线直接计算得出，如第4章图4.2所示。P-I曲线通常嵌入专业的选址软件中。DDESB技术文件14(DDESB，2009)发布了公开可供使用的P-I曲线。

当建筑物损毁等级(BDL)是由建筑物结构部件的应力响应来构建时，根据一套的综合规则来规定建筑物部件应力响应等级，该综合规则将建筑物构件损毁等级一一映射为建筑物损毁等级。例如，无论墙体应力响应如何，屋顶坍塌的损毁等级都会导致建筑物坍塌。反之，非承重墙体虽严重损毁但建筑物依然伫立。下章文解释综合规则，建筑物部件响应等级则在下一章中。

美国陆军工程公司(COE)发布的“用于反恐的单自由度结构应力相应极限”(USACOE，2006)”介绍了其使用的一套完整规则和响应极限。在第4章表4.2，用于工业定义使用了相似过程。

例如，某企业的选址标准确定为BDL2级，回顾第3章定义：“反射墙体构建受到永久性损毁并需要重建，其他墙体和屋顶明显损毁但可修复。”

分析人员可采用单自由度(SDOF)方法或更复杂的分析方法分析每一墙体和屋顶构件。反射壁(面向爆炸的墙体)受损后应确保不会坍塌。如单自由度(SDOF)分析表明反射墙体失效或其他建筑构件发生严重变形，建筑物则不满足BDL 2A的标准，并且需要制定减灾计划或执行另一个更详细的分析。

5.4.3 部件损毁等级

5.4.3.1 结构部件

结构部件指建筑物中起支撑作用在爆炸后仍能保持原位置并承载重力和环境载荷。结构部件可分成一级、二级、三级。一级部件是结构框架，用以承载多个其他部件的载荷。例如可能是支撑大量托梁的屋顶和楼板主梁；二级部件可以是独立托梁和搁栅；三级部件可以是屋顶基层或墙体包覆层。通常，一级部件的变形极限低于二级部件。

三级部件损伤不会引起建筑物结构的坍塌或不会对建筑物结构的完整性构成威胁，但爆炸影响下飞溅的碎片可能危害周边设施和人员。一些指导性文件将三级部件归为非承重结构部件考虑。

典型的部件损毁级别(CDLs)见表5.2中的规定。部件损毁级别(CDL)极限值根据延性比和支持轮换级别，详见章节5.4.4.1。

表5.2 美国土木工程师学会(ASCE)和美国陆军工程公司(COE)部件损毁定义

ASCE响应等级(ASCE，1997)	COE损毁等级(USACOE，2006)	COE描述
低	轻微损坏	出现可见损伤，部件可修复
中	中等损坏	必须更换永久形变的部件
高	严重损坏	大量塑性变形接近垮塌边缘，必须更换；可能部件仍未失效，但已经接近弹性形变上限
失效	危害性失效	部件完全失效，并产生碎片飞溅的危害，必须更换
	爆裂	爆炸载荷的作用下，部件完全毁坏，并伴有高速飞溅的碎片

5.4.3.2 非结构部件

爆炸载荷作用下，非承重结构失效虽不影响建筑物稳定性，但仍可造成碎片飞溅危害。典型的非承重结构包括门窗，以及墙体和屋顶的包裹层，门窗损毁等级参见表5.3。使用专业软件动态模拟计算门窗的危害等级，在美国规定该专业软件仅政府机构可以使用。玻璃系统的另一种静态设计方法可依据《测定建筑物玻璃阻性载荷的标准操作规程》(ASTM E1300-09a)以及《利用夹层玻璃装配等效三秒设计载荷的建筑物防爆玻璃系统的标准操作规程》(ASTM F2248 - 09)标准。

表5.3 门窗损毁等级(USACOE，2006)

危害等级门窗性能潜在伤害对应关系		
无危害	窗户玻璃未损毁，门可正常开关	无伤害或表面伤害
极小危害	窗户玻璃破裂但未脱离窗框，玻璃碎屑和少量碎片产生极小危害 门未脱离门框，但已丧失重复使用功能	损毁区域内人员有轻微至中等程度伤害，但无死亡危险 损毁区域外人员可能受到表面伤害
轻微危害	窗户玻璃破碎并脱离窗框，碎片飞溅速度较低，无重大伤害 门失效，并从门框中弹出，造成微小危害	损毁区域内多数人员会受到轻微至中度伤害，个别人员可能受到严重伤害，但无致命危险 损毁区域外人员受到轻微至中度伤害

续表

危害等级门窗性能潜在伤害对应关系		
低危害	窗户玻璃破碎，脱离窗框并碎片飞溅入建筑物内部，引发严重伤害 门撞入房间内，引发严重伤害	损毁区域内人员受到严重伤害，可能有致命危险 损毁区域外人员受到轻微至中度伤害
高危害	门窗损灾难性毁造，导致致命伤害	垮塌区域内大部分人员死亡 坍塌区域外人员可能死亡

注：美国陆军工程公司(COE)标准与恐怖袭击引起的局部严重损毁标准一致。其术语“坍塌区域”特指局部区域的墙体或屋顶坍塌，并非一般的建筑物整体坍塌。

5.4.4 详细分析

本节，描述了爆炸压力载荷作用下的建筑物应力响应的一般处理方法，包含简单近似方法以及更为复杂缜密的方法。在这些方法中评估了基于位移的结构应力响应，如建筑部件变形比率以及塑性铰接转动等。

评估建筑物损毁程度以及建筑物内工作人员重伤或死亡概率时中，估计爆炸载荷作用下的建筑物响应是一重要步骤。化工装置的常规防爆建筑均为典型的简单布局，爆炸载荷可以用理想化的冲量形式来合理表述。来自某一蒸气云爆炸(VCE)的实际超压时程经历一段非零上升时间达到其峰值，随之非线性衰减至大气压负相(当压力跌至低于大气压时)，然后再恢复至正常大气压。

典型的结构分析中，通常将爆炸载荷简化为：瞬间达到压力峰值，随后线性衰减至大气压。尽管某些公式简化中包含了大气压负相，但损毁等级主要取决于正相部分，故负相区域通常可忽略不计。早在计算机广泛应用之前，该近似分析方法就得到发展，并在防爆结构设计和评估中使用多年，其准确度足以满足所有场景的初步设计和大部分场景的最终设计。石油化工行业中的许多建筑物防爆标准均基于该近似方法。下一节中，将介绍如何使用近似分析方法，通过简化压力与加载时间关系以及简化结构部件来说明爆炸载荷的结构响应在评估过程中的重要原则。这些原则同样也适用于更为复杂的结构分析方法例如有限元分析，章节5.4.4.3中将会简单介绍有关内容。

5.4.4.1 单自由度(SDOF)模型

许多结构部件(墙、混凝土或砖块、梁)以及结构系统(框架和剪力墙结构)都可以用单自由度(SDOF)模型来表示。单自由度(SDOF)系统的基本原则是仅存在单一响应参数(自由度)，该参数通过精确地仿真，能够合理预测实际系统的应力响应。通常选择所述部件上最大挠度点作为模型参数基础。而后，另外其他相关的特殊点(例如某一梁的偏移可能与管道碰撞)也可选取为单自由度

(SDOF)。在此类模型中，结构的动态特征可用单一质量和单一弹簧表示，参见图 5.2。

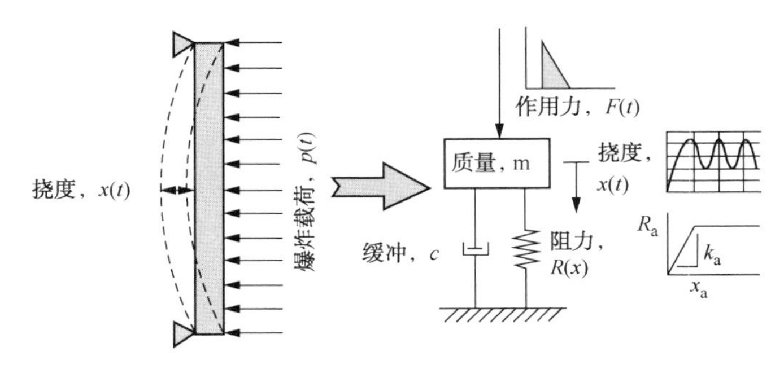

图 5.2　等效单自由度(SDOF)弹簧质量系统

广泛采用单自由度(SDOF)方法论评估结构部件的损毁情况，随时间变化的爆炸载荷和飞溅的碎片影响该结构部件。单自由度方法(SDOF)是政府和业界公认的方法论，在许多指导文件(UFC，2002；Biggs，1964；ASCE，1997)都有其具体实施细则。

某一单自由度(SDOF)质量弹簧系统的阻抗函数可以复制真实结构的载荷-挠度特性。阻抗函数可以仿真某一弹性系统、弹塑性系统、双线性弹塑性系统或弹塑性膜系统。根据阻抗曲线定义弹塑性系统，如图 5.2 的右下方所示。相关系统的每一个阻力挠度函数，如图 5.3 所示。

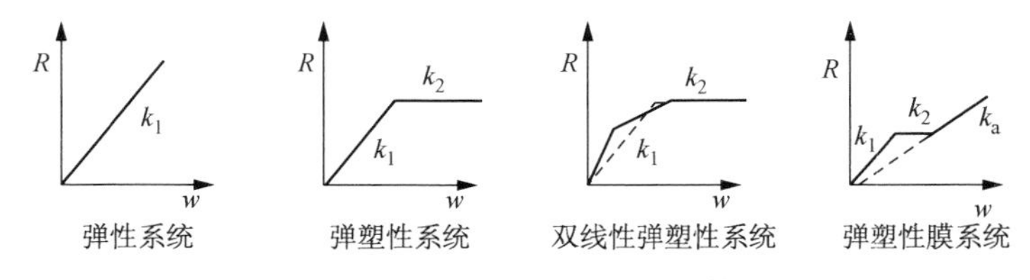

图 5.3　可供选择的阻抗函数

加载爆炸压力时程 $p(t)$ 将导致结构部件，如墙、窗、梁、门及面板变形并产生动态响应。每一部件(如图 5.2 中的柱状体)的单自由度(SDOF)模型是由部件的物理结构特性(阻抗函数 $R(x)$，阻尼 c，质量 m)构成，使得模型呈现与部件最大挠度点相同的位移时程 $x(t)$。利用数字集成技术得到单自由度(SDOF 模型)的位移，即用单时序计算机程序处理等效系统的运动方程，该等效系统属于离散、多时序的。

针对每一部件，假设必须基于其主要响应方式。大多数情况下，如墙、梁、门窗，选用静挠度曲线(如图 5.2 所示)最为合适，也可为部件整体响应提供合适的近似值，该整体响应可能是多种模式的组合。

单自由度(SDOF)系统性能取决于实际系统性能及其支撑条件。一旦开始执行单自由度(SDOF)分析，初期应将响应与部件响应标准进行比较，表 5.1 引用的文件提供了响应数值极限。

根据单自由度(SDOF)模型可以计算支座反力，并比较每一部件的连接及剪切能力。

5.4.4.2 多自由度(MDOF)系统

理论上讲，多自由度(MDOF)系统是指任何自由度大于一的系统。实际上，它通常表示某一拥有二个或者三个自由度的系统。相对来说，双自由度(TDOF)最为常见，因而需要讨论。

双自由度(TDOF)系统有许多不同类型。与单自由度(SDOF)系统不同，双自由度(TDOF)系统的运动方程具有不同的形式，其取决于与双自由度相关联的质量相互支撑方式以及双自由度的弹簧连接方式。双自由度(TDOF)系统由两个结构部件组成，其中部件一承受动态载荷，部件二对部件一起支撑作用。假定部件二属于刚性支撑并且不直接承受爆炸载荷。且两个部件移动方向必须一致，并假定在选定的振型中是主要响应。

如表 5.4 所示，可双自由度(TDOF)系统的应用举例，其中的部分系统的示意图见图 5.4~图 5.7。表 5.5 中两个双自由度(TDOF)系统示例，这些系统均不满足部件支撑和挠度方向的要求。

表 5.4 双自由度(TDOF)系统应用示例

TDOF	部件一	部件二	备注
次梁支撑板材	板材	次梁	输入板材质量作为部件一的数据，不包含次梁的质量
大梁支撑屋顶次梁	屋顶次梁	大梁	用于爆炸载荷或屋顶板材到次梁的动态响应。包括屋顶板材以及次梁的质量
柱体支撑墙梁	墙体次梁	柱体	用于爆炸载荷或墙体板材到次梁的动态反应。包括墙体板材以及次梁的质量
在可摆动框架中侧墙壁瞬间对框架做出抵抗。假设墙内柱对于次梁来说足够牢固	墙体次梁	倾转框架的响应模式	爆炸载荷施加于次梁或墙体板材的动态反应。部件二(例如，倾转框架)的质量等于全部的屋顶质量。在电子表格中输入面向爆炸一侧墙体质量作为双自由度(TDOF)部件一的数据。背向爆炸方向的墙体质量等于已输入的面向爆炸侧墙体质量

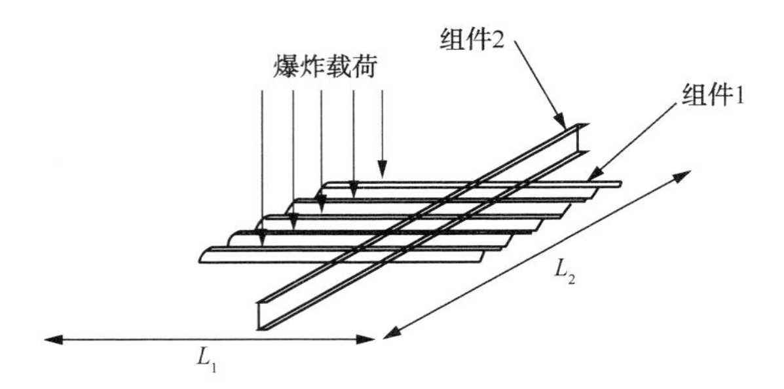

图 5.4 次梁承载板材的双自由度(TDOF)系统

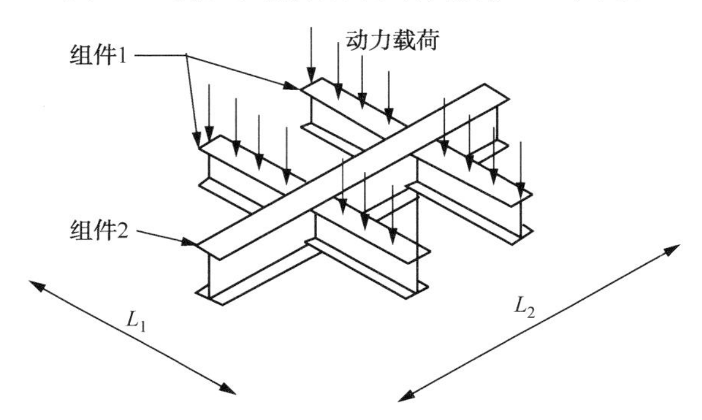

图 5.5 大梁承载两个次梁的双自由度(TDOF)系统

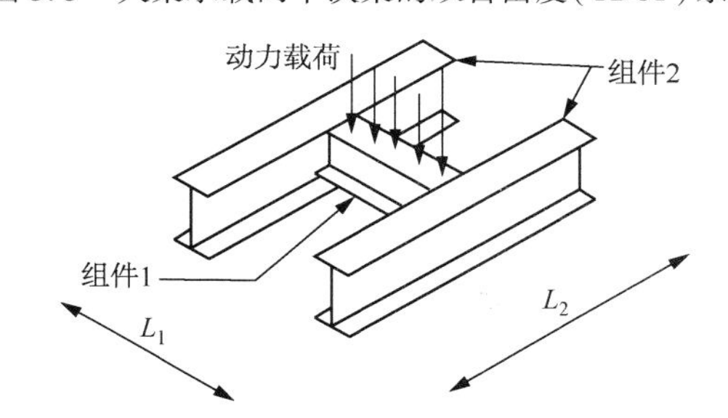

图 5.6 次梁中跨大梁的双自由度(TDOF)系统

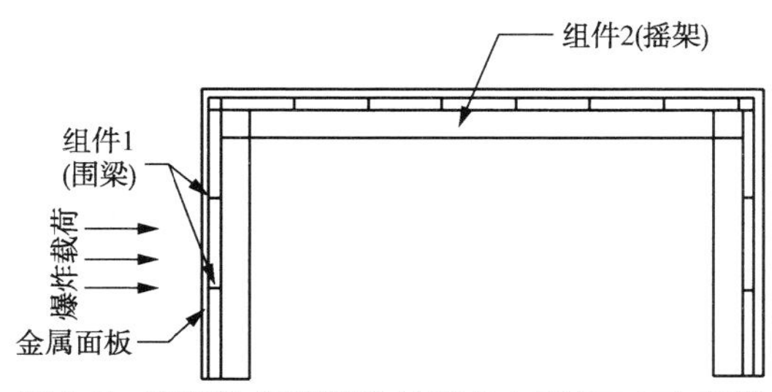

图 5.7 束缚性框架摆动的双自由度(TDOF)系统

表 5.5　双自由度(TDOF)系统非适用性实例

TDOF 系统	部件一	部件二	备注
刚性梁的双层框架倾转	首层次梁和楼板	屋顶次梁和楼板	首层不支撑屋顶。本系统动态方程参见 Biggs(1964)第 266 页，有关三层建筑物部分的描述
楼板支撑的悬臂墙	悬臂墙	楼板	墙和楼板偏转方向不同。悬臂墙偏转方向与水平向爆炸载荷一致，但在墙基处突然转向，使得被支撑楼板发生竖直向偏转

Biggs(Biggs，1964)双自由度(TDOF)系统建模通常利用电子表格或计算机程序完成。

5.4.4.3　有限元分析

上述讨论表明了冲击波特征值(峰值压力、持续时间)以及结构特性(固有周期、阻抗、变形率或塑性)，在爆炸压力载荷作用下建筑物结构应力响应评估的重要性。如前所述，这些特征既适用于近似响应评价方法，同时也适用于更为严格的技术方法，例如利用计算机程序开展的有限元响应评价方法。采用有限元方法时，通常结构质量表示网格节点处的集总浓度，结构刚度和结构抗性则表示连接该网格节点的建筑部件。将网格节点置于整个结构体可令结构质量或结构刚度发生显著变化的位置，以及需计算结构变形量的位置。某些网格节点用于描述结构的边界条件(如平移或特定方向的固定转动)。节点坐标可以任意取代表示结构的每一自由度，并每一自由度都有一动态运动方程。部件种类包括弹簧、梁、板材和立方体。这些部件对同一个网格节点自由度之间以及相连接的节点之间发生相关运动时提供抗性。分析人员确定网格节点位置，应根据载荷分布、实际结构特性及分析所需信息确定网格节点位置。

对于某结构体有限元表现形式，应根据有关问题的物理特性将载荷施加于一个或多个自由度。载荷是时间的函数可随时间变化，或保持恒定。对于随时间变化的载荷，其更普遍的运动方程解决方案是在离散时间步长条件下通过求解运动方程，而得到位移和应力。采用过去时间步长的响应函数作为当前参考时间点的初始条件，数值积分求解。另外，应更新每一时间步长的载荷函数。对于非线性抗性函数，也应在每一时间步长内修正部件属性用以仿真非弹性行为。

最为广泛使用的有限元分析(FEA)软件 LS-DYNA 和 ADINA，主要用于结构体爆炸分析。

LS-DYNA 是分析结构体发生大变形动态响应的通用有限元软件，包括液体对容器壁提供支撑功能的承液容器。其主要解决方案的方法论是根据显式时间积分，更适用于定性响应估值以及处理少量数值稳定问题。许多材料模型(超过

100种本构模型和十个状态方程)表现材料性状行为的多种变化，包括弹性，塑性、黏弹性、黏塑性、复合材料、热效应以及率相关性。该软件也自带接触算法。

ADINA也用于解决各种各样的结构问题，以及热效应、流体分析问题，该软件能够计算材料以及非线性响应影响，并在结构分析领域广泛使用。

5.4.5 确定限制因素

结构部件对建筑物内人员造成碎片危害之前，应能够承受大变形和严重损坏。然而，因存在妨碍部件达到满负荷能力因素，导致失效发生早于延性模型预期。通常，限制部件响应的因素包括：

抗剪承载能力——剪切破坏属于脆性破坏，因而应避免发生。在本章所引用的ASCE和COE参考材料在大延性比情况下使用有特殊限制，即抗剪承载载力可以控制。

连接——通常情况下，已建的结构连接设计时仅考虑承载使用过程的载荷，而爆炸产生的巨大反作用力会压垮连接或对其施加不同方向的载荷。

5.5 爆炸危害中的人员伤亡率

针对潜在爆炸危害，建筑物响应评估的目的是确保建筑物内人员安全，因此，当务之急是分析人员应充分理解所计算的响应性质以及所选标准下的轻伤可能性。建筑物响应和潜在伤害之间的相互关系已在本书第3章和第4章重点说明。

另一种通过有限元显式算法计算损伤机制的方法也用于评估潜在伤害，要求分析人员能够计算建筑物响应、部件解体的可能性(包括质量和速度)、碎片击中某一名楼内人员的概率，以及损害发生后造成的某一种伤害的可能性。过往的建筑物选址评估不包括这些计算。预测部件解体以及评估随之发生的碎片飞溅对人身伤害是属于相对新的领域。最近，有关爆炸与碎片伤害对人体敏感性的建模已有显著的进步，将来会有实现这种方法的计算模型。

5.6 完成评估应采取的措施

完成建筑物选址评估后，根据评估结果执行下一步选址流程。

5.6.1 评估结果符合标准

某一建筑物评估结果完全符合业主制定的所有标准时，意味着分析工作已经完成。此时的结果形成文件并根据业主的政策对结果定期审查，以验证评估条件未发生改变，不需要重新评估。如果条件改变(例如场景或操作条件的变更)，应针对变更内容。

5.6.2 评估结果不符合标准

评估结果表明，相较于预先确定的标准，建筑物性能不能令人满意，用户既可以进行精细化的改进分析，也可以采取减灾措施。

5.6.2.1 改进分析

改进分析既可以包括一份更详细的结构评估(可能包括一个更深入的实地调查，以允许使用限制较少的假设条件)，也可以更详细地评估潜在爆炸载荷。考虑简单地重新定义标准和场景不属于改进分析。例如，对于充满可燃混合物的拥挤区域，初步评估可以通过详细的泄放建模和扩散建模加以改进，从而确定可燃气体云规模。然而，简单决定仅部分空间被填充(未经技术计算支持)也不属于改进分析。如改进分析证实结构性能符合业主/承包商标准，则执行章节 5.6.1 所述措施。

5.6.2.2 减灾措施

不符合业主标准的已建建筑物，应根据 RP-752 规程采取相应的减灾计划。减灾措施可以是加固建筑物，或降低潜在危害，或将人员转移至其他建筑物。工程研究的方式选择减灾缓措施以评估的具体方案，评估应考虑到设计和财务成本。基于后果的减灾措施被局限为生产工艺或控制变更用以排除某一其主导作用的场景、迁移建筑物内人员，或加固建筑物。但所有的减灾措施均适用于基于风险的方法，基于后果的方法与工艺变更或控制变更一样，它可以减少可计算的危害发生频率但不能完全消除它。结构升级将在第 10 章讨论。

6 火灾危害评估

6.1 介绍

处理可燃或易燃物时，产生的结果可能涉及火灾。由于爆炸以及毒性影响，业主或承包商会使用基于后果或基于风险的方法来决定某一建筑物选址评估。与这两种方法相比，“间距表”方法也可以用于火灾评估。对建筑物潜在火灾、爆炸的详细选址评估通常仅针对建筑物内部、周边区域、工艺装置区(难以疏散)以及有人长期值守的建筑物。

可燃或易燃的物料发生爆炸后引发火灾，这种情况常有发生，从而增加了对有人值守建筑物的影响。如果爆炸引发火灾的可能性非常高，则火灾导致人员伤亡率应为爆炸导致的伤亡率，因为爆炸会损坏建筑物防火性能。

火灾结果可以由某一特定峰值危害等级的计量单位表示(例如，热辐射单位：kW/m^2)，或用与该辐射相关的某一具体结果(例如，热计量可转换为致死率)表示。

火灾危害下的建筑物选址评估不排除需要评估某一给定事件其他相关结果，比如有毒物质泄漏或爆炸现象。在出现多种危害场景中，建筑物选址评估应包括每一个单独危害造成影响以及危害叠加后的综合影响。

基于风险的方法模型也适用于基于后果方法。间距表法利用已制定的表格确定装置与有人值守建筑物的最小间距。

分析前应该首先确定选择使用哪种方法。可先进行基于后果的方法或间距表法评估，如果结果没有达到标准，则可采用基于风险的方法进一步细化评估。

6.1.1 火灾现象及信息来源概述

火灾通常分成以下几种类型：

池火

在使其维持液态的温度下处理易燃及可燃液体，由于泄漏液体的有限蒸发量，则会形成液池。如遇点火源，物料可形成池火，物料包括 NFPA Ⅰ级的易燃液体(如汽油)，以及 NFPA Ⅱ级和 NFPA Ⅲ级的可燃液体。

喷射火

“燃料连续燃烧形成的一个湍流扩散火焰，并在某一特定方向或多个方向上释放大量动量。喷射火可由气态的、闪蒸液体（两相）和纯液体存量泄漏产生。”［HSE，2010a］一些易燃物料和大多数可燃物料在高压工况下，一旦遇到适当的泄漏条件可能产生喷射火。如果工艺处理压力低，建筑物距离又足够远，则喷射火的影响很小。如果上述条件不存在，建筑物存在被喷射火影响的潜在可能性。

闪火

闪火是一种可燃气体或空气混合物的燃烧现象，并产生一个短期热辐射危害同时伴生的超压（冲击波）可忽略不计。发生期间，闪火的燃烧速率基本不变，或稍有增加。与之相反，根据以下两方面辨别蒸气云爆炸（VCE）：火焰锋面因燃料特性加速，火焰锋面遇障碍物产生湍流。

火球

火球产生于泄漏物料在被点燃前与空气有限混合。火球可产生的热辐射剂量和持续时间远远大于闪火（几秒到几十秒不等）。能够发生蒸气云爆炸（VCE）的物料根据泄放量和扩散特性同样也可能引发火球。涉及可燃或易燃物料的沸腾液体膨胀蒸气云爆炸（BLEVE）也可能导致火球。

直接接触火焰，或暴露于热辐射可导致火灾危害。火球一般持续时间有限，并且任何建筑物损害量均与热量等级和暴露持续时间成正比。损害量也与建筑物建造材料有关。

通过增加碳氢化合物源之间的间隔距离、建筑物暴露的外表面增加耐火材料以及喷淋水冷却暴露面的方法来削减建筑物潜在火灾危害。由于大部分有人值守建筑物都具有一定的耐火性能（以减轻内部大火的影响），热辐射对其不会有立竿见影的效果。典型的耐火建材包括：钢筋混凝土、钢筋砖石砌体结构和无钢筋砖石砌体结构（有限的窗户空间）。工厂联合保险商协会（Factory Mutual 1996，2006，2008）以及工业险保险公司（Industrial Risk Insurers IRI，1991）提供了火灾防护和火灾评估信息。然而针对建筑物内值守人员防护，相关信息来源有限。章节 6.3 讨论了这些问题。

在考虑建筑物位置及防护时，以上述要求作为出发点是合理可行的。但是，在多数情况下仅仅通过这些来量化危害可能是不足的。本章节剩余部分将介绍解决此问题相关方法。

6.1.2 建筑物选址评估中火灾评估概述

讨论的核心是保护建筑物内值守人员，并非保护建筑物本身。大多数流程工业厂区布局中，建筑物内值守人员暴露于最小的火灾危害，既因为建筑物选址已经超出火灾危害范围，也因为通过远离危害的逃生出口紧急疏散。然而，某些情况下，建筑物所有逃生出口均被损坏；或火灾紧急响应情形下，人员需就地避难。

业主/运营商可以选择基于间隔表的方法、基于后果的方法或者基于风险的方法评估火灾问题，注意事项如下：

- 如使用间隔表法，首选认可的间隔表，例如推荐使用合并了 CCPS 设施选址和布局指导意见的有关书籍。
- 基于后果的方法应以最大可置信事件(MCE，见第 3 章)为基础，应选择不同种类的 CCPS 书籍中各类严格的数学方法，量化扩散和热辐射等级。
- 基于风险的分析应根据各种带有量化扩散和热辐射等级的场景，量化过程应使用各类严格的数学模型，如下所述。

API RP-752 提供了量化和管理火灾危害的方法(见图 6.1)，该图表中有关步骤本章后续部分讨论。

6.2 确定是否存在火灾危害

如能证明火灾对建筑物值守人员造成很小的危害，则无需执行针对火灾的建筑物选址评估。该证明既可是定量的也可是定性的。但如果是定性的，那么应当说明火灾特征，并且可通过这些特征判断并接受仅存在极小的火灾危害，例如：

- 现场物料具备极小的固有燃烧性(例如，可燃液体处理后的温度低于其闪点温度至少 15℉[API Publication 2218 (API，1999)])。
- 物料的数量和压力不足以对建筑物产生明显热辐射量。
- 物料泄漏后，不会积聚成可燃薄雾。
- 物料距离足够远，不会对建筑物构成显著危害。

符合这些标准或其他相似标准并不能充分论证现场仅存微不足道的火灾危害。如设施存在强氧化剂环境(如纯氧)，不可燃的物料也可能被点燃。因此分析人员在该情况下不应直接排除发生火灾危害的可能性，因为公共设施或特殊种类的化学品可以引发不常见的火灾危害。上述检查表法、基于后果的方法以及基于的风险方法进一步说明如下。

6.3 间距表法

各类组织机构制定的间距表允许快速审核是否存在严重火灾危害。CCPS 在其设施选址和厂区布局一书(CCPS，2003a)中提供了现场建筑物典型间距表，参

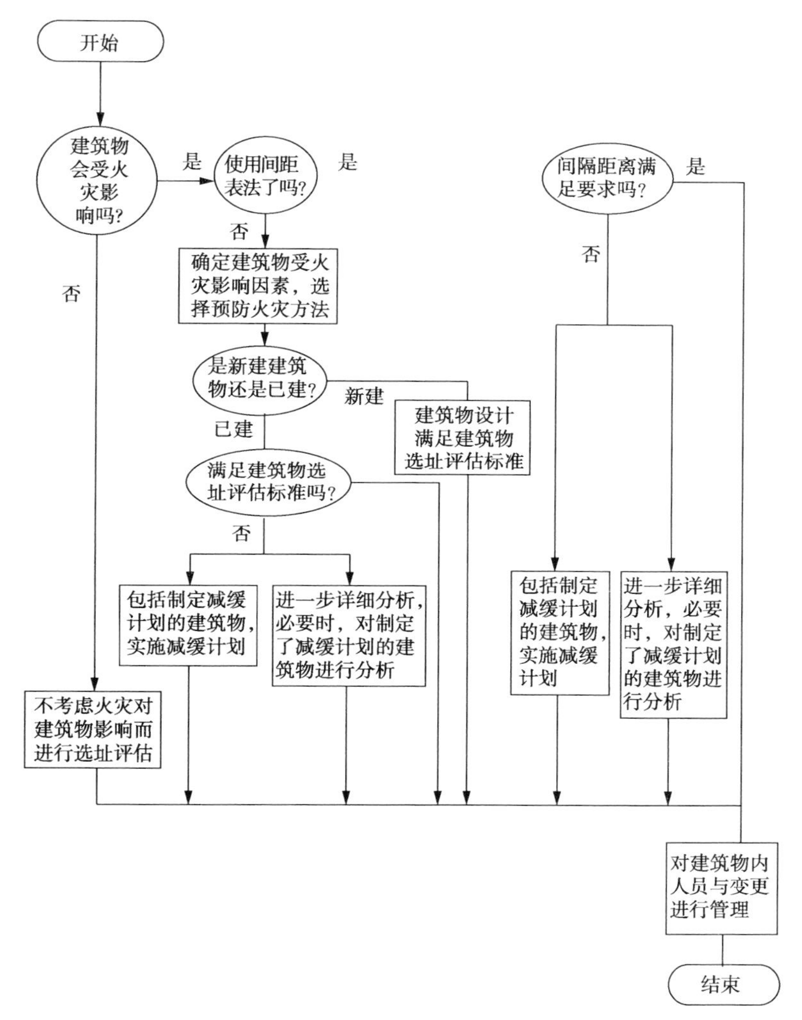

图 6.1　建筑物火灾危害评估逻辑框图

见表 6.1。该间距表以潜在的火灾后果为基础，如涉及爆炸和中毒影响，可能需要更大间距。

应根据特定场地的危害以及风险确定间距变化。根据风险分析结果或实施了额外的保护层(例如，火灾防护或紧急关断系统)增加或减少距离，该保护层是以审核各主要大型炼油和化工企业间距表、保险指导方针、历史间距指导意见、法规、统一的标准和工程经验为基础。应向用户解释使用间距表的意图，并阐明其局限性。表 6.1 是基于外部场景中潜在火灾后果为基础。

表 6.1　水平距离下现场建筑物火灾后果的典型间距要求

装置区建筑物	界区边界	公用工程	工艺设备	主装置区管廊	工艺单元管廊	大气压 & 低压 可燃物 & 易燃储罐(>15 psig)		高压易燃储罐	装卸载支架	
						<10000gals	>10000gals		非 LPG 和 LFG	LPG 和 LFG
办公室，实验室，维修车间，料仓	NM	100	200	100	100	50	250	350	250	350
消防站，医疗急救指挥中心	NM	100	200	100	100	100	250	350	250	350
变电站，电机控制室—主装置	50	NM	200	100	100	100	250	350	200	350
变电站，电机控制室—超过一个单元	50	100	50	25	25	100	250	250	200	250
变电站，电机控制室—单个单元	50	100	50	10	10	50	250	250	200	250
控制室—主装置	NM	100	200	100	100	100	250	350	200	350
控制室—超过一个单元	NM	100	100	30	100	100	250	350	200	350
控制室—单个单元	NM	100	50	10	10	50	250	250	200	250
附属仪表室 — 超过一个单元	NM	100	100	30	100	100	250	350	200	350
附属仪表室—单个单元	NM	100	50	10	10	50	250	250	200	250

注：1. 常用的间距表考虑的是潜在火灾工况后果(爆炸，有毒物质和安全隐患需更大间距)。根据特定场地的危害以及风险确定间距变化，基于风险分析或额外的保护层(例如火灾防护或应急关断系统)增减间距表距离。

2. 该表对封闭的工艺装置不适用。

3. 表中距离特指水平方向的距离。

4. 表中所示建筑物，工艺设备和界区线之间的常用水平距离特指两个最接近边缘之间的空间直线距离采用最接近边缘及尺寸表示。

5. 特殊情况需要更近的距离时，应考虑采取恰当的风险削减措施。

检查表来源以及建筑物火灾暴露率的其他规格见表6.2。

表6.2 建筑物防火措施的信息来源

标　题	备　注
美国消防协会 *Recommended Practice for the Protection of Buildings from Exterior Fire Exposures. NFPA 80A. Quincy, MA*, 2007.	建筑物常规火灾防护信息
美国化学工程师协会 *Guidelines for Facility Sitting and Layout, New York, NY. New York, NY*	包含建筑物火灾防护间距表
工厂互保研究中心 *Property Loss Prevention Data Sheets*7-32 *Flammable Liquid Operations*, 2008	包含火灾和爆炸危害的间距信息(API RP 752中是不允许在爆炸危害时使用检查表法)
工业风险保险公司 *Engineering Standard for Layout and Spacing*	提供了多种布局和间距信息，包括建筑物间距要求

有些标准是计划保护建筑本身，仅仅间接保护建筑物内值守人员，然而建筑物外部所允许的暴露等级高于建筑物内人员的暴露等级。

业主/运营商可自行制定方法。如有特殊火灾危害(如氧化剂)，制定某企业特有规程也许更为合适。如果业主/运营商制定了自用的间距表，该间距表也应以现有的检查表，或本章后面介绍的量化原则为基础(某些情况下也可认定为基于结果的方法)。

6.4 针对火灾执行基于后果或基于风险的建筑选址评估

依据RP-752，任何有人值守建筑物均可采用基于后果或基于风险的方法评估。为找出火灾情况下基于后果与基于风险的方法的区别，应考虑每一种方法对不同工艺参数和环境参数的处理方式，如表6.3所示。

表6.3 基于风险与基于后果的火灾研究对比输入条件

工艺参数	常用方法	
	基于后果的方法	基于风险的方法
组分	假设典型组分，除非存在更严格条件下的某一规定操作步骤	同理

续表

工艺参数	常用方法	
	基于后果的方法	基于风险的方法
压力	选择典型操作压力，假设发生泄漏后仍可维持压力。如压力源在事故期间压力下降，当热量符合标准时，可采用时间加权平均压力表示	同理。如压力源在事故期间压力下降，当热量符合标准时，可采用时间加权平均压力表示
温度	假设典型操作条件	同理。然而，如根据上一行假设某一替代压力，则需适当调整温度，以反映减压条件
可用流量/物料存量	假设最大正常可用物料量，且初始消耗速率可持续。泄漏造成的影响可能只受被动保护措施限制(例如：堤坝限制了液池规模)	假设现场设置的限制泄放量的措施是可靠的，如隔离阀，紧急转储系统，喷淋/洗涤装置等。此时应为这些设施的失效概率制定减灾措施，从而在失效和成功的条件下都可评估
事故持续时间	假设事故会一直持续，或直到物料耗尽	通过考虑隔离措施的成功概率以及对隔离措施成功与失效情况下的后果建模，事故持续时间可受隔离措施控制
分析参数		
天气	适用于火灾工况的保守水文气象条件	气象条件概率分布
标准	建筑物暴露标准 热通量 流量和暴露时间(剂量) 可燃气体浓度 后果标准 人员伤亡率	个体风险 总体风险

上述常用方法并不总是适用的。例如，当最大可置信事件(MCE)涉及某一异常反应时，其组分、压力和温度参数与正常情况明显不同。如果出现异常工况泄放，则在分析中应适当考虑。

进行基于风险的评估时，可结合现有的防火减灾计划中的具体内容(例如：安全壳系统、检测设备、远程控制隔离设施、防火墙)。基于后果的方法同样可结合减灾计划中的内容，因为减灾措施固有的可靠性相当于被动控制(例如：堤坝，防火墙)，且不易因任何事故导致相关减灾措施失效。这类事故的案例包括损坏堤防的爆炸、洗涤水漫过堤防顶部的灾难性储罐失效、堤防区域内的排净阀允许堤防内容物泄漏。

表6.3表明，就所采取的可信措施而言，其基于风险的方法可以提供有形的收益。但在基于后果的研究中，无法轻易判定有关措施的可靠性。并且在基于后

果的研究中，非被动的、有效的和程序化的减灾措施一般都假定为失效。

6.4.1 火灾危害的建模与定量化

建筑物选址评估的范围包括下面几种火灾形式(任意或全部)：

- 池火；
- 喷射火；
- 闪火和火球；
- BLEVE(沸腾液体膨胀蒸气云爆炸)火球。

如果预测火灾后果的模型在其他参考文献(如CCPS，2010)中已有详细论述，分析人员应参考这些参考文献。以下简要说明分析每一种火灾类型关键因素以及火灾模型应考虑哪些变量。

6.4.1.1 池火

池火对某一特定目标散出的热剂量(随着时间推移吸收辐射能)，主要取决于下列因素：

- 液池表面区域；
- 角系数或目标接近程度；
- 池火持续时间；
- 燃料倾向于产生无烟火焰还是浓烟火焰；
- 其他影响因素(如气象条件)。

池火通常需要时间扩大危害，允许发出警报并通知人员开始应急疏散。

6.4.1.2 喷射火

喷射火对某一特定目标散发热量，主要取决于下列因素：

- 燃料泄放速率；
- 角系数或目标接近程度；
- 火灾持续时间；
- 燃料倾向产生无烟火焰还是浓烟火焰。

当针对某一具体建筑物选址情况，确定某一特定模型的适用性时，分析人员应重视常见火灾模型中某些明显的局限性。包括如下：

火焰抬升——喷射火建模是不完善的，因为该模型通常可以预测所观察的火焰抬升后原点。当射流初始直接喷射点是建筑物时，预测的热通量和火焰长度将会较为保守。

火焰冲击/吞噬潜能——不在喷射火模型的标准中处理火焰冲击，但这些模型能有效预测建筑物在火焰冲击事故中的热负荷[Cowley (a)，(b)，(c)]。

6.4.1.3 闪火

由于闪火持续时间非常短，所以在评估建筑物值守人员风险时，一般都忽略闪火。然而，Ashe 和 Rew 于 2003 年调查了闪火相关问题，并注意到闪火危害可能对建筑物内值守人员造成以下潜在影响：

- 闪火弱爆燃影响产生较小爆炸伤害(窗户破损等)；
- 火焰穿透进入建筑物(通过打开的门窗，或者被热能或爆炸损坏的门窗)；
- 气体进入建筑物造成内部爆炸(特别是通风良好的部分建筑物)；
- 热辐射通过窗户对内部值守人员造成危害。

6.4.1.4 沸腾液体膨胀蒸气爆炸(BLEVEs)

沸腾液体膨胀蒸气云爆炸(BLEVE)产生的影响已在第 5 章讨论；讨论的范围主要是热辐射的影响。评估沸腾液体膨胀蒸气云爆炸(BLEVE)量级存在着简单的相关性[CCPS 2010，TNO 2005]。对于某一建筑物的辐射等级与其他所介绍火灾类型的方法一致。如果沸腾液体膨胀蒸气云爆炸(BLEVE)的持续时间有限，则火灾危害也会是有限的。

6.4.1.5 有毒燃烧产物

除火灾的热量和辐射影响，也可形成有毒燃烧生成物。业主/运营商可以根据具体情况逐案评估是否存在显著的额外伤害。

6.4.2 火灾危害的建筑物响应

火灾对人员的影响可以是直接的(热辐射)或间接的(建筑物火灾，建筑物倒塌)。下面讨论火灾对建筑物的影响。

6.4.2.1 火灾对建筑物的影响

火灾对建筑物的影响在各种出版物中都有报道。文章称，500℃时，钢结构损失其一半的抗拉强度，并且钢将热量从建筑物外部传导至内部的速度比其他材料更快。木材如长时间暴露，可最低在 150℃将被点燃；如出现先导点火情况，热辐射负荷为 5 kW/m^2时，木材也将被点燃。也会发生玻璃的软化和破裂。混凝土或砖石因剥落而非软化而导致失效，但随温度变化的关系类似于钢材。

大部分影响是根据温度变化来表现，但大多数模型预测的是热辐射等级方面的影响。尽管 TNO(1992)为不良导电材料(如木头和玻璃)提供了一个基本热平衡方法，由于多种变量在起作用，对于一个典型的多部件建筑结构，将热辐射转化为温度是不合适的。

如果预期的辐射热负荷超出了建筑物材料抵抗它的能力，需进行进一步评估。然而在大多数情况下，建筑物由于热引燃或疲劳而开始失效是可以预期的，此时建筑物值守人员已经疏散或已经暴露在不可接受的热辐射范围内。

另一问题是使用防爆模块(BRMs)削减爆炸危害，通常其目的是允许员工能够一直靠近或停留在某一有着重大爆炸危险单元。针对防爆而言，将防爆模块(BRMs)安装在人员暴露于火灾危害下的操作单元内，也许比之前广泛使用防爆模块更恰当。

6.4.3 内部温度的风险计算

6.4.3.1 建筑物吸收的能量

由于经常会遇到复杂的问题，热量从建筑物外部传导至内部，该过程通常不能严格建模。反而是根据火灾一般特征和有人值守建筑物的基本性能做出评估。

评估建筑物内部温度如何随时间推移而升高，在何处有效，假设建筑物完整性未被破坏，无论是通过破损的窗户、打开通风设施，还是建筑物发生火灾等。在这种情况下，所有建筑物内值守人员会受到通过建筑物从外部吸收热量，再从建筑物传到内部空气中的热辐射危害。由于通过结构支撑部件吸收的能量可能与穿透墙壁不同，实际上通常属于某种复杂情况下的建模。然而在某些情况下，简单的热传导方法也可提供足够的严谨性数据进行计算。

6.4.3.2 火灾人员伤亡率

火灾人员伤亡率通常与其他危害伤亡率一同列表说明，并用数字0(无危害)到1(确定有危害)之间的概率值来表示。表6.4和表6.5所示是火灾人员伤亡率的示例。表6.4描述了存在持续暴露案例(如池火或喷射火)，并假定所估算的热负荷能力。表6.5简述了根据是否出现易燃气体云的火灾暴露率。应注意，所提供这些表仅作为示例并说明这类表格所需填入的有效数据，情况不同，可能会需要不同表格和有关数据。

表6.4 池火与火球对建筑物外部的热辐射等级与人员伤亡率示例

建筑物形式	热辐射等级		
	1级	2级	3级
常规建筑结构	OV=0，最大热辐射负荷(TRL)<“X”BTU/h · ft^2	OV=f(TRL)，最大热辐射负荷“X”-“Y”BTU/h · ft^2	OV=1，最大热辐射负荷>“Z”BTU/h · ft^2
防火建筑结构	OV=0，最大热辐射负荷<“X1”BTU/h · ft^2	V=f(TRL)，最大热辐射负荷“X1”-“Y1”BTU/h · ft^2	OV=1，最大热辐射负荷>“Y1”BTU/h · ft^2

表6.5 外部火灾建筑物内部人员伤亡率示例

建筑物周边浓度	人员伤亡率	
	常规建筑物结构	带烟气检测/切断功能建筑物
>LFL	1.0	0.1[(a)]
<LFL	0	0

(a)假设烟气检测系统等安全完整性等级(SIL)是一级。

更详细版本的表6.5适用情况如下，比如：(1)有很多开口的仓库建筑物；(2)建筑物是否有气体检测系统和手动关断的暖通空调系统(HVAC)；(3)短期与长期持续的气云。

表6.4和表6.5的标准表示一定限度的辐射持续时间。表格中介绍的算法并不适用于所有情况。顾名思义，沸腾液体膨胀蒸气云爆炸(BLEVE)有限制持续时间；而池火及喷射火可能持续几分钟甚至几个小时。

由于高温对人体的影响存在相关性(TNO Green Book，1992)，如果建筑物内部温度可以建模，则可以改善预测的分辨率。预测建筑物温度随时间变化关系也可以根据墙壁热传导模型或计算流体动力学模型，但应假设建筑物内部空气已充分混合。

6.4.3.3 火焰直接进入建筑物的可能性

简化模型中未涵盖建筑物完整性可能遭到破坏。热辐射和燃烧物直接进入建筑物内部，可通过以下任一方式发生：

- 设计上的开口，如仓库打开的门；
- 强制通风，如暖通空调系统(HVAC)；
- 自然通风，墙壁、裂缝及密封正常的“呼吸作用”；
- 穿透作用；
- 事故引发的裂缝。例如，钢支撑梁热膨胀导致砖石结构开裂。

试图将所有情况都建模是不切实际的。然而，应在建筑物选址评估和建筑设计方案中充分考虑上述潜在可能性。

6.5 火灾人员响应

如果工艺厂房是由防火材料建造，疏散通道畅通时，内部工作人员通常有时间撤离。火灾评估中一个重点考虑因素是燃烧产物，例如烟气和一氧化碳，对建筑物内值守人员的潜在影响。正确设计的通风系统能够防止烟气和燃烧产物进入建筑物。如需进一步了解有关规定，请读者参考NFPA和SFPE的各种出版物。第7章将进一步讨论。

通常假定建筑物值守人员在发生危险的火灾情况时，能够及时疏散，并假设有一个从建筑物安全撤离的措施。经验表明实际情况往往并非如此。此外，在能够保障停留人员安全的情况下，某些应急响应计划则可能工作人员留在建筑物内预防危险升级而面临更大损害。相关问题接下来讨论。

很多研究已经证实了火灾中的人员响应；然而，大部分研究结果是相对于建筑物内部火灾，而非外部火灾。本文仅涉及后一种外部火灾情况，所得出的结论有赖于目前有限的研究工作。

可以预期工艺安全管理有效覆盖的装置内工作人员能够掌握更多火灾危害知识，并已经开展了火灾应急演练等。落实到行动比引用案例更有效。然而，仍可能有建筑物内值守人员不遵守原定计划。

6.5.1 培训和演练的相关性——人体反应能力

存在逃生机会情形下的人员响应在海上石油和天然气生产行业风险评估中已被量化。在这些环境下采取的行动通过培训和演练达到对某一撤离方案的强化熟练目的。即使此撤离路线存在某种危险，他们也仍然建议人员撤离应尽可能选择某一更加熟悉的路线。这意味着要么撤离计划使用的路线明确认定为是安全的，要么在撤离行动中应首先强化对撤离路线的评估工作，或提供其他代替路线。

DiMattia(2005)研究海上设施的此类问题。该研究更依赖于专家意见以及通常属于人为错误的规章制度，而比实际事故数据要多得多(实际上这类数据非常少见)。SFPE 的《消防工程手册》(SFPE，2008)也对这一问题提供了指导意见。

6.6 火灾应对措施

在设计或评估新建筑物之前，应首先确定建筑物内人员紧急疏散方案。RP-752 给出两种方案：

- 火灾就地避难所；
- 火灾疏散撤离。

这个选择将会反映在现场紧急响应计划、新建或改建建筑物设计方案以及撤离方案中。也可在早期结果及影响建模的讨论中囊括这部分内容。

6.6.1 疏散撤离注意事项

人员从某一暴露于火灾的建筑物内疏散时，最重要的注意事项如下：

- 快速安全撤离建筑物的能力；
- 快速安全地从建筑物区域转移到无火灾暴露危险的安全区域的能力。

某建筑物选址评估研究应对人员从起火建筑物中逃生能力作出合理假设，人员逃生能力应根据建筑物逃生路线、厂区布局和建筑物附近可能出现的潜在火灾源做出合理评估。所有假设应与当地操作人员和应急规划人员加以验证，并确保有效。

表 6.6 和表 6.7 介绍了两个标准中的热辐射暴露极限。评估消防疏散路径，需要考虑这两个标准。注意表 6.7 中有关的注释，应根据原文件中查找其原始版本。

表 6.6 总辐射值的推荐设计(源自 API RP 521)

允许设计等级(K)		条件
Btu/ft^2	kW/m^2	
5000	15.77	结构热强度、运营商不太可能履行职责的地点、可以有效设置热辐射避难所的地点(如,设备后方)
3000	9.46	在人员可以出入的任何区域,泄放火炬的设计 K 值(例如,火炬下部的倾斜坡道或附近某一铁塔的服务平台);暴露率因限于几秒钟之内,仅足够用于逃生
2000	6.31	正确着装但无遮蔽情况下,热量强度能够支撑人员 1min 紧急行动时间
1500	4.73	正确着装但无遮蔽情况下,热量强度能够支撑人员 1min 紧急行动时间
500	1.58	正确着装仍然会持续暴露的任意地点,这类地点的 K 值

备注:1. 在不可能快速撤离的铁塔或其他高架结构上,梯子必须设置在远离火炬一侧。当 K 值大于每平方英尺每小时 2000BTU(每平方米 6.31kW)时,结构体能够提供一些屏蔽作用。

2. 太阳辐射因地理位置不同相应变化,并且通常在 250 至 330BTU/h/ft^2 的范围内(0.79 到 1.04 kW/m^2)。

表 6.7 允许的热辐射通量,不含太阳能(源自 EN 1473)

设备内部分界	最大热辐射通量/(kW/m^2)
邻近储罐的混凝土外表面[a]	32
邻近储罐的金属外表面	15
邻近压力储存容器和工艺设备的外表面	15
控制室、维修间、实验室、仓库等	8
行政办公楼	5

(a) 预应力混凝土罐的最大热辐射通量通过其他方法确定。

可以通过以下措施降低热通量水平从而达到需求的限制。如,间隔距离、喷淋水、耐火设施、辐射屏蔽或其他类似系统。

6.6.2 运行影响

在新建建筑物选址或已建建筑物选址评估过程中,辨识出哪些建筑物可能承受暴露风险与建筑物内发生火灾期间是否需要人员留下还是被迫留在原位保护工厂正常运行是相关的。这一问题会导致两个后果:

- 如果期望建筑值守人员留在原地,则应在建筑物设计时,处理好所有可置信暴露率,包括为内部值守人员提供新鲜空气。既考虑到保护留守人员同时又能继续在建筑物内控制执行某重要操作或启动应急功能。

- 如果建筑物值守人员期望火灾时能够紧急疏散，建筑物的设计应满足应急期间的安全运行，或者允许自动且有序关断。理想状态是在无人值守情况下，建筑物也应有现场可用的保护系统以防止造成重大伤害。

建筑物选址评估应说明经常有人员占用建筑物的两种消防策略(疏散与就地避难)对比。建筑物值守人员应审查这些政策并验证其可靠性。

7 有毒物质危害评估

7.1 介绍

本章将讨论急性有毒物质泄漏对建筑物内人员的影响。可从两方面描述这些影响：有利害关系的比浓度(例如：ERPG-3)或具体后果(例如：致死概率)。RP-752 提供了一个逻辑流程图用以量化和管理有毒物质对建筑物的危害(如图7.1 所示)。本章以下各节讨论图中的步骤。

本章与其他章节的要求一致。很多化学品物料兼具毒性和易燃性，有时燃烧事件产生有毒燃烧产物，但其可能造成的影响比产生这些物质的火灾本身所造成的影响更为严重。如存在多种危害，则应考虑所有危害，除非能够证明他们影响轻微。

基于后果或基于风险的方法均可用于有毒物质泄漏风险的建筑物选址评估。基于风险的方法应该使用基于后果的分析模型。

7.2 确定有毒物质危害是否存在

如果能证明，建筑物内人员不存在重大的有毒物质危害，则无需进行有毒物质建筑物选址评估。证明过程可以是定性分析，并包括对以下特征的解释说明，并在外部观察者模式下证明无重大有毒物质泄漏风险：

- 现场物料具有最小固有毒性(例如：NFPA 健康危害等级 0、1 或 2)。
- 物料泄漏后，不能形成毒性蒸气的有害浓度。
- 物料少量泄漏，对有人值守建筑物不存在毒性气团风险(无论因浓度过低，还是在当前浓度暴露时间过短)。

业主/运营商应考虑现场是否存在这样的非毒性物质，它会因火灾或化学反应产生大量有毒生成物。这种情况通常不会在建筑物选址评估时涉及，原因是：

(a) 有毒物质暴露在火源附近的概率通常小于建筑物内人员暴露在火灾现场的概率。

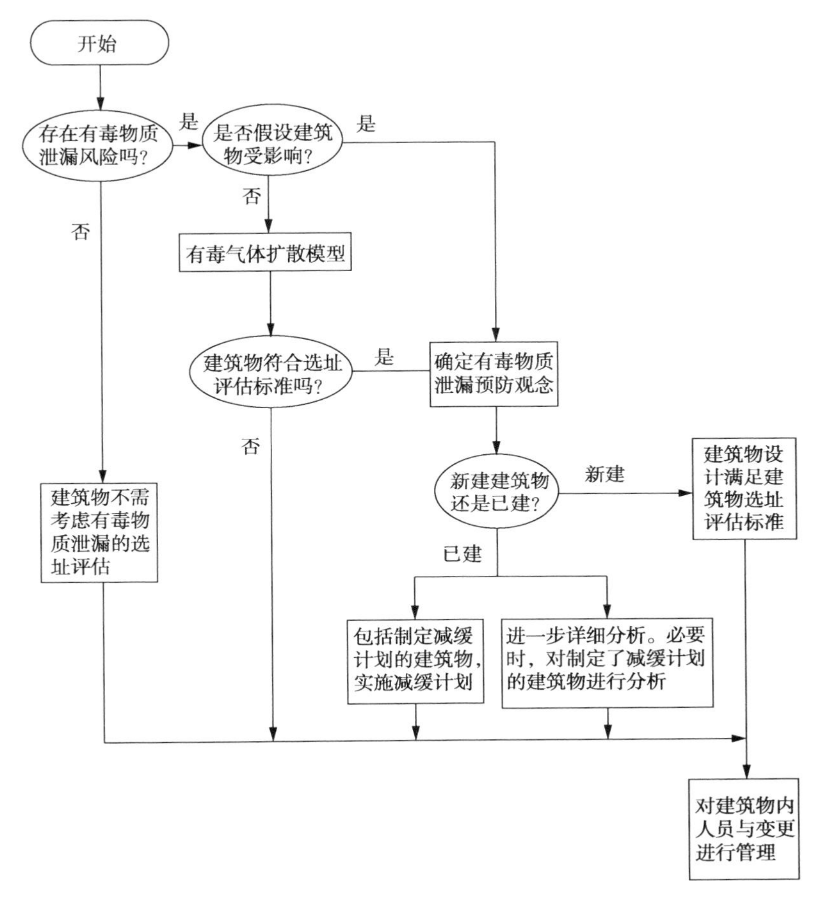

图 7.1　有人值守建筑物有毒物质风险评估逻辑流程图

(b) 不相容化学品安全相处应通过其他手段进行管理，而非建筑物选址评估的方法(例如：有关不相容化学品分区管理规范)。

如果存在有毒物质泄漏危害，又确认危害不大时，可采用扩散模型确认是否对建筑物内人员不构成重大危害。适当的扩散模型参考在本章稍后部分讨论。

确定对一幢建筑物造成某种“重大性”危害的阈值时，在不利于人员疏散情况下，可依据建筑物外部相关有毒物质浓度确定(例如：IDLH 或 ERPG-3)；当建筑物内人员计划就地避难时，可根据建筑物内部有毒物质浓度确定。

为以下情况准备必要文件，无重大有毒物质泄漏危险，场景要素(例如：MCE)、模型名称或描述、输入的假设条件(泄漏温度，压力等)以及扩散模拟结果，且模拟结果应包含在建筑物选址评估中。

7.3 有毒物质泄漏的建筑物选址评估

依据RP-752，任何已建建筑物，如涉及人员使用及有毒物质暴露风险，超出业主/运营商规定的标准时，应纳入有毒物质泄漏情况下的建筑物选址评估范围，并制定响应风险削减计划。

都用于评估有毒物质泄漏风险，为区分基于后果和基于风险的分析方法的差异，表7.1列出两种分析方法对不同工艺条件和环境参数的典型处理方法。

表7.1 基于风险与基于后果的有毒物质泄漏风险的分析对照表

典型处理方法		
工艺参数	基于后果的分析	基于风险的分析
组分	假定是代表性组分，除非在运行时存在操作条件更严格的规定步骤	同理
压力	选取代表性操作压力，并假定泄漏时压力可维持。若证明源压力将下降，则物料存量不多时，使用时间加权的平均压力	同理。若证明源压力将下降，可以使用时间加权的平均压力
温度	假定为代表性工况	同前。如出现低压工况，需适当调整温度，如上
可用流量/存量	假设为最大正常可用存量，且初始泄漏速率可维持。仅通过被动措施限制泄漏影响(例如：防护堤限制库容尺寸)	采取可靠措施来限制物料泄漏量，比如安装隔离阀、应急转储系统、罐顶雨淋/洗涤装置，等。这些保护措施都有失效概率，对其失效和正常工况都应评估
事故持续时间	假设事故会无限期持续，或直至库存量耗尽	事故持续时间受隔离措施限制，类似于上一行内容
参数分析		
浓度分析	基于浓度的滴定终点有重大暴露危险(如：EPRG-3，IDLH)，不考虑事故持续时间	不适用。“阈值”是相关影响的下限值(例如：人员致死概率1%)
天气	保守的气象条件。最大扩散范围必要的风速、温度变化、湿度、稳定性和地面粗糙度(例如：Pasquill稳定度F，风速1.5 m/s)	气象条件的概率分布
标准	建筑物暴露标准： ——有毒物质暴露浓度 ——有毒物质暴露浓度和暴露时间(暴露剂量) 后果标准： ——人员伤害	个体风险 总体风险

针对装置发生有毒物质泄漏风险的控制及减灾系统(例如：安全壳系统，有毒物质探测器，远控隔离系统，雨淋/稀释系统，基于主要风频风向数据进行建筑物选址)。均可合并为基于风险的毒性分析方法。减灾措施也可合并为基于后果的分析方法，减灾措施达到其固有可靠性的程度，相当于被动控制(例如：用于减少液态有毒物料蒸发的防护堤)或被动减灾(例如：严格密封建筑物最小化地减少有毒物质侵入)，不易受到任何事件影响，该事件可能加速有毒物质泄漏(例如：爆炸)。

就令人可信的措施而言，基于风险的分析方法还需进一步努力，以便产生切实有效的效果。当假定主动的和程序化的减灾防护措施失效时，基于风险的方法不比基于后果的方法更具合理性。业主/运营商可能会使用有毒物质危害结果(致死概率)作为其基于后果分析方法的标准，并结合该事件持续时间。这需要谨慎为之，因事件持续时间较短，有毒物质在最大规模泄漏条件下(给定的库存量)产生的影响不一定是最大的。基于后果的分析应选择产生最大影响的泄漏工况，而它与产生最高浓度的泄漏工况不同。

一旦选择了该分析方法，在可靠的方式下，对有毒物质泄漏执行建筑物选址评估。这是本章其余大部分主要介绍的内容。

如能有效证明现场有毒物质(多种)的量已危及所有的建筑物并达到业主/运营商规定的相关阈值，则不需要建模分析。举个例子，以载满氯气的轨道槽车发生泄漏为最大可置信事件，对其后果不需建模分析以确定其危害性，因为它很可能超出了任何基于后果的方法标准。在这种情况下，业主/运营商可以简单地承认事实，然后推进危害管理，没必要执行后果模拟。通过后续模拟来验证已选风险管理策略的有效性往往很难被确认。

表 7.1 所示的“代表性的”处理方法并不总是最适合的。例如，若最大可置信事件涉及一个非正常反应，其组分、压力和温度参数与正常情况存在明显差异。当异常工况可能引发泄漏时，分析过程最好考虑有关的异常工况。

7.3.1 有毒物质泄漏风险建模与定量分析

基于后果和基于风险的分析方法都需要选择合适的后果模型，可以对期望端点的泄漏源项和恰当的扩散现象(高斯扩散模型、重气扩散模型等)进行评估。下面介绍如何选择和使用后果模型标准。

7.3.1.1 基于后果的模型选择

很多可用于有毒物质泄漏的建筑物选址评估的模型或模型组合(CCPS 2000，泰勒 1994，TNO 紫皮书，2005)。为了满足 RP-752 要求，模型应具备以下特点：

- 使用的模型应包括多种变量，由于其重要性，应由该领域专家来决定变量，如，泄漏温度，孔径尺寸及气象条件。模型不一定只依据基本原理，也可以采用基于相互关系的方法。当选用后者时，以下是两种非此即彼的理想化情况：(a)模型包含直接或间接的相关变量；(b)对模型中未明确提出的变量做出保守假设。

• 选用的模型要与物料类型和泄漏条件匹配。例如，重气扩散模型不适合用来计算比空气轻的加压气体泄漏后，在较高高度和环境温度下的扩散距离。

泄漏和扩散模型的详细内容在本章的参考文献中有充分讲解，这里不再赘述。这些模型适用于有毒物质和可燃蒸气云的扩散。

7.3.1.2　工艺局限

一些情况下，安全壳破损事件的初始泄漏速率会一直持续。另一些情况下，物料洞中泄漏物料的速率可能会在一段(或许很短)时间后因周围工艺过程受限制。例如：

• 储存物料——模型中应考虑一段时间后可用物料全部泄漏情况。特别是有毒物质泄漏情况，因为此时暴露时间与其危害大小直接相关。

• 泵/压缩机的输送能力——泄漏经常来源于上游的泵或压缩机。如果预计初始的泄漏速率大于泵/压缩机的输送能力，管道可能会迅速降压至某个稳定状态，在那个减压状态下，此时泄漏速率与泵/压缩机的输送能力相当。分析人员应考虑初始泄漏速率与稳态速率哪个才是更合适的模型基本条件。

• 流量控制阀——如果流量控制阀下游发生泄漏，且阀门驱动装置也在泄漏位置的上游，则控制阀应自动阻止泄漏。

• 管道压降——对更严重的泄漏工况，如管道破裂，释放速率可能会受管道压降限制。

• 紧急隔离设施或放空系统——在某些情况下这些系统可极大地限制事件持续时间。

基于后果和基于风险的分析方法存在差异，可置信限制条件前文已介绍。通常，基于后果的方法(最大可置信事件)假定主动的和程序化的控制措施会失效，而基于风险的研究方法认为这些措施是可靠的。如果物理保护措施能迅速控制泄漏，采用基于后果的方法评估有毒物质泄漏则可视为例外。例如：(a)排污管线；(b)泵特性曲线的最大流量点，泄漏源下游的回流几乎可以忽略。

其他限制

事件后果严重性可能会受其他围护系统基础设施如集水坑的防护堤或排水沟影响。防护堤可有效限制泄漏的位置，也能通过限制易挥发物质表面积减小毒性(或易燃性)云大小和挥发性化学品蒸发量。防护堤是非常可靠的保护措施，在大多数场合可认为其功能不会失效。但应指出的是，在多数灾难性事故中(如：

罐体瞬间破裂）防护堤也会失效，无法容纳泄漏出来的物料，无论是部分的（因为波浪会冲过防护堤）还是全部的（因为存在液压），即使防护堤的限制容量足以接收整罐物料。

7.3.1.3 有毒物质泄漏应对措施

我们知道个体暴露在有毒物质中的危害大小取决于泄漏化学品的浓度和暴露时间。这种时间依赖性有时并不明确，以下概念经常用于描述毒性危害大小：

立即危害生命或健康浓度（IDLH）——"环境中毒性，腐蚀性或窒息性污染物的浓度，在该浓度下暴露，可立即危害生命，或永久损害健康，或延迟的对健康不利的影响，或使人丧失从危险环境中立即逃生的能力。"

应急响应计划指南，等级3（ERPG-3）——"人体暴露于有毒气环境中约1h，不会对生命造成威胁的最大允许浓度。"

术语的定义，如"生命威胁"是主观和含糊不清的。很多化学品在IDLH或ERPG-3浓度下，必然会使暴露数小时的健康人致死。所以评估现场有毒物质泄漏后果和火灾或爆炸后果的危害性相对大小时，两者不能相提并论。就是说，爆炸可能会因建筑物毁坏引起人员伤亡，而ERPG和IDLH则不能。

Probit 模型

基于风险的方法预测有毒气体扩散影响通常选用Probit模型，它具有更严格的原则。用这种方法，人体对有毒气体的生物反应可以采用正态分布表示，反映不同个体的敏感性。正态分布可通过"Probit"方程变换为线性形式，通常表达式如下：

$$Y = a + bx\ln(C^n t) \quad (7-1)$$

公式中 Y 是probit的取值，a，b，n 是常量，C 是化学品浓度（摩尔浓度单位：ppm或 mg/m^3），t 是暴露时间（单位：min）。系数 n 与某化学品对人体的毒性机理相关。$Y=5$ 时，对应的概率为50%，此时probit模型表现状态符合正态分布规律。Y 的相关取值如大于等于2，则对应的致死亡概率大于等于1%。

7.3.1.4 毒理学数据来源

Probit 模型常量

CCPS和TNO（CCPS 2000，TNO 1992）公布了一些应用广泛的有毒化学品的probit常量。Probit的常数值可通过参考文献中提供的标准表转换为致死概率。

HSE（健康与安全执行局）

Probit公式只适用于最常见的有毒化学品的某一种极限集。英国健康与安全执行局（HSE，2011）发布了涉及范围更为广泛的有毒化学品特性表。HSE使用了两个危害等级，即"SLOT"和"SLOD"。这些术语有多种定义，最著名的是：

SLOT(毒性指定等级)——“高易感人群可能死亡”;

SLOD(重大致死概率)——“暴露人群有 50%死亡率”。

HSE 数据和其他数据没有直接可比性,但结果近乎一致。当在其表格中 HSE 值可作为评估更广泛化学品致死概率的基础。

还没有具体方法可将 SLOT/SLOD 转化为 Probit 模型。也不可能根据 SLOT/SLOD 数据利用插值或外推算法而估计其他危害程度,因此,SLOT/SLOD 数据用于危害等级划分而非 SLOT/SLOD 定义,分析人员应解释这样做的依据。

美国国土安全局

美国国土安全局正着手研究毒性物质剂量与危害的关系,并已发布少量化学品的定量值(Famini 等,2009)。

7.3.1.5 查表法

一种更简单的替代方法是使用查表法。使用查表法时,应综合考虑基本研究原理(例如:probit 模型)以及专家判断(评估现场安全系统的可靠性,并推断暴露人员行为)。例如,美国环保局风险管理计划后果建模指导性文件。

若查表法包括非被动防护措施的优势,则适用于基于风险的分析方法。因此,建筑物选址最好根据环境位置特点制定该建筑物特有的间距表,间距表应考虑到:

- 非被动保护措施不可靠(对基于后果的分析)。
- 依据剂量原则——同时考虑浓度和暴露时间(对基于风险的分析方法)。
- 通过数学方法,计算出建筑物内换气速度。基于后果分析时,应假设最差换气条件(例如:假设物质泄漏期间,换气速度最高),除非证实在物质泄漏期间,通风装置保持正常工作状态的可能性极大。
- 给出宁可偏保守的结果。

7.3.2 人员中毒防护的建筑物设计

7.3.2.1 建筑物内有毒物入侵

(1) 估算浓度与时间变化曲线

当有毒气云包围建筑物时,建筑物内部化学品浓度从零升高至某一最大值,然后随气云远离而下降。由于暴露危害程度取决于暴露浓度与时间的关系,合理地评估这种关系显得尤为重要。

任何建筑物或多或少都有缝隙;空气可通过打开的窗户,门窗缝隙以及暖通空调(供热,通风与空气调节)系统进入建筑物内部。通风速率(ACH)定义是指每小时的通风量。最小的通风速率是当暖通空调系统关闭时的自然风速,并随风速变化,根据威尔逊测量(1996 年),自然风速通常在 0.1~2 ACH 范围内。但常开式建筑物,例如仓库,通风速率约为 6 ACH。可能发生有毒气体泄漏的工艺装置区应配备附加的强制通风设备。

混合良好的建筑物，室内浓度是时间的函数，$C_{in}(t)$受随时间变化的室外浓度影响，通风速率为2.0 ACH时，如图7.2所示$C_{ext}(t)$。室外浓度理想化响应是方波，并呈一阶衰减(指数)增长，随后下降。

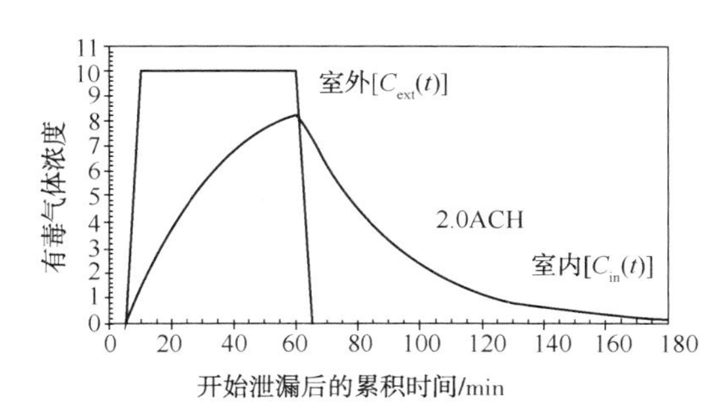

图7.2　严重泄漏的建筑物内外平均浓度，
通风速率2.0ACH，室外物质持续泄漏66min(威尔逊，1996)

如有必要，考虑了建筑物内进气口位置、气体流动模式，更复杂的模型可以对建筑物内具体位置的人员进行更精确的暴露风险预测。一般没必要达到这样的精确程度，由于对于某种已知的化学品，其假设的理想混合条件下的误差与Probit方程的精度等级并无明显差异。

(2) 事件递进及后果

有毒物质危害管理与剂量计算时，了解外部有毒气云通过时间是很重要的。有毒气云一旦离开，建筑物内有毒物质浓度就开始下降，建筑物内人员活动影响下降速率。如发生有毒物质泄漏事故时，相应地关闭了暖通空调系统，则在暴露于毒气云时间段内，浓度累积较低。如果有毒气云已远离且HVAC系统仍为关闭状态，对比重启暖通空调系统和强制新鲜空气对流，此时建筑物内毒性浓度将会保持较长时间。因此，应建立有效机制使建筑物内人员了解有毒气云通过时间。

(3) 线性剂量建模含义

图7.2代表了通常的做法，以模拟室内浓度。需要注意的如图7.3所示，长期来看，综合线性剂量总量(曲线下面积)与室内暴露剂量与室外暴露剂量之和。这种情况下，有毒气云已通过后，人员应离开密闭的室内庇护所来到室外，并打开门窗。

图7.3中，泄漏开始第66min人员移至室外，此时吸收剂量是整个过程都在室外的吸收剂量的一半。但户外人员完全可以在30min内轻松疏散至安全地点，这种情况下就地避难已不是最好的选择了。

紧急响应的一些片段场景应有清晰无误的意思(例如：为建筑物内人员提供相关信息，让他们知道有毒气体云通过时间)。其他复杂的数学处理方法，在威

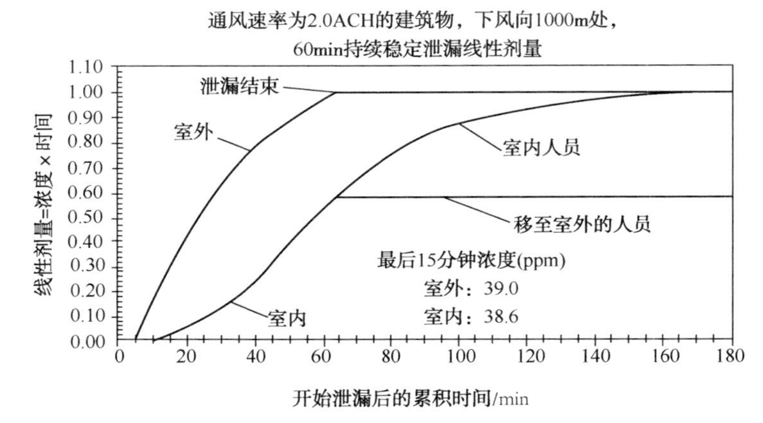

图 7.3　三种避难措施的线性剂量比较(威尔逊和泽尔特)

尔逊和泽尔特书中也有介绍。国家化学研究所相关文献(www.nicsinfo.org/index.asp)记录了一些关于就地避难重要性的案例。

7.4　毒性防护理念

7.4.1　建筑物设计使用方针

确定建筑物在紧急情况下的预定疏散策略。业主/运营商可选以下两种策略之一：

- 有毒物料泄漏时就地避难。
- 有毒物料泄漏时应急疏散。

上述不同选择应体现在现场紧急响应预案，建筑物新建和改建设计和疏散计划中。也会包含在以下章节有关有毒气体扩散和人员伤害建模中进一步讨论。

7.4.2　实施策略选择

选择就地避难还是紧急疏散需要综合考虑响应速度，即检测泄漏源，通知受威胁人员以及采取行动的迅速程度。通常，并非所有的建筑物都设计或被设置成有毒物料泄漏的避难场所。考虑到要预留足够响应时间，包括检测有毒物泄漏，通知有受影响工作人员以及相关人员采取正确措施转移至安全地点。因此，有毒物质泄漏管理内容不仅包括建筑物设计，还包括泄漏检测、紧急预警体系和人员培训。

7.5　疏散与就地避难

7.5.1 就地避难策略的特点

在针对性培训，认知人类行为以及对运营的潜在影响等方面，疏散/就地避难的基本原则与火灾部分介绍的内容类似。当然，有毒物料泄漏事故在其他几方面又有本质区别。下面是要重点考虑的，摘自 RP-752：

有毒物料泄漏时就地避难

如选择“有毒物料泄漏时就地避难”这一理念，业主/运营商应针对避难人员使投用的每一幢建筑物具备以下特性：

- HVAC 系统关断或设置循环模式，无论哪个更合适；
- 通知有关人员发生外部物料泄漏的系统；
- 紧急通信设备(有线电话)；
- 必备的个人防护装备(PPE)；
- 门窗空洞的良好密闭性。

上述功能和特性可基于以下几点来设计/评估：

- 人员必须停留在建筑物内的时间；
- 有毒物质阻碍建筑物内人员疏散的时间；或
- 其他适用的行业标准，导则和规程。

有些物质兼具毒性和易燃性。有毒物质泄漏可能在火灾或爆炸之前发生或之后。建筑物选址评估应考虑潜在爆炸危害，可能会损害建筑物就地避难的功效。”

业主/运营商需考虑预留足够响应时间，检测泄漏物料，通知受影响人员，以及采取适当的行动确保安全(例如：关断暖通空调系统，关闭/封堵门窗)安全转移至避难场所。接到通知的人员可能位于室外，也可能在同一建筑物的其他位置，甚至位于位于另一建筑物内。因此，预防人员中毒的保护措施不仅包括建筑物设计，还包括泄漏检测、紧急预警体系和人员培训。

原有建筑物能否设置成有毒物质泄漏时的就地避难场所，很大程度上取决于该建筑物气密性。当暖通空调系统处于关闭状态时，通过测量换气速率检测建筑物气密性。在密闭的建筑物内释放一种追踪气如六氟化硫，监测追踪气的浓度衰减。执行测试期间室外风速范围应优化和优选。

还需注意，没必要将整个建筑物都设为就地避难场所。实际上，建筑物内设置指定的“就地避难场所”有以下几点优势：

- 设计一个带有高完整性的较小空间具有经济性。
- 事件其他方面的保护措施，如预防前体爆炸，它可能危及主体建筑的完整性。
- 易于人员统计。
- 工厂其余部分可采用集中通信。

其他有用的的功能，包括建筑物内部或暖通空调系统入口处有毒物质浓度的监控能力，当暖通空调系统关机等情况发生时，有备用气瓶来保持室内正压。这些措施可以作为基于风险评估的一部分，但不用于基于后果分析，除非属于较低失效概率被动措施的范畴，也包括由事故本身或其前体性事件(例如：爆炸危害)所导致的失效概率。

有些情况下，一些危及建筑物完整性的前兆性事件发生后，建筑物可能完全暴露于有毒物质危害下。最常见的例子是初始爆炸摧毁建筑物并引发火灾，建筑物暴露于易燃有毒的火灾生成物之中。更严重的变化特征是由爆炸引发的连锁(多米诺)反应并导致有毒物质储存区失控。这种情况下，由于引发有毒物质泄漏的事故同时也破坏了该建筑物的完整性，因此原有基础的就地避难策略可能失效(该建筑已经有一定程度的“气密性”或空气交换速率)。

7.5.2　疏散策略的特点

RP-752 还指出了疏散策略的基本特点：

有毒物料泄漏的疏散

如果选择“有毒物质泄露疏散”这一理念，业主/运营商就应该使每一幢有人建筑物具备以下应急响应功能：

- 有利于疏散的应急行动流程和培训；
- 紧急出口和安全疏散通道；
- 疏散方案，该方案可以指导人员转移至规定的“避难场所”或规定的集合区域；
- 警告建筑物内人员发生有毒物质泄漏的告警措施；
- 人员统计方案；
- 为潜在暴露场景人员配备个人防护装备。

业主/运营商不妨定性考虑的另一因素，即疏散过程中人体呼吸频率上升以及身体活动量增大。威瑟斯和李(1985)绘制列表中数据显示，人快速行走时的呼吸速率是静止状态时的2~3倍。

7.5.3　泄漏检测方法

不像火灾和爆炸产生的后果，没有明显迹象表明已发生毒物料泄漏。因此分析人员和风险管理人员应充分评估，如何才能有效检测出有毒物质泄漏，又如何能迅速检出，这些都是非常重要的。

一些物质具有嗅觉阈值，该数值远远低于相关中毒或可燃浓度。这种情况下，嗅觉可能是对于泄漏问题最可靠的检测方法。近些年自动探测器性能已有所改善，但很多探测器可检测不止一种物质。这会导致探测器在检测低浓度物质时，发生多次误警报。例如，有些环氧乙烷探测器也可以检测到二氧化碳。当试图检测低浓度环氧乙烷时，因厂区环境引发众多误警报。

有时候，检测潜在泄漏源附近区域比建筑物进风口处更为可靠，因为在泄漏源附近区域可以设定较可靠(高)的浓度等级。不同探测器具有不同的可靠性等级，可作为鉴别探测器是否可靠或可靠性如何的依据。

检测泄漏的策略即可以复杂也可简单，这取决于被检化学品种类、装置布局、人员位置等等、可能还包括点探测器与周界探测器相结合的方式。CCPS(CCPS，2009a)关于连续监测有害物质泄漏一书很有参考价值。

对于已建建筑物，应急响应预案可能是采用就地避难理念的一组场景(例如：有毒物质发生泄漏且建筑物本身没有损伤)，也可能是采用疏散理念的另一组场景(例如：建筑物完整性受损)。新建建筑物能够在设计时针对就地避难用途，建筑物完整性不会因(譬如)蒸气云爆炸导致的有毒物质泄漏而受损。

8 频率及概率评估

8.1 介绍

本书前五章解释了如何确定建筑选址评估范围，如何选择评估过程的标准，以及确定爆炸、火灾、毒气危害相关潜在后果的分析方法。对于选择基于后果方法的业主/运营商，前五章介绍内容为其完成建筑选址评估提供了必要技术支撑。然而，对于选择基于风险方法的业主/运营商而言，爆炸、火灾或者有毒物质泄漏场景的频率是评估所必须的。

对于基于风险的建筑物选址评估，每个模拟场景的发生频率需要考虑的因素包括：

- 初始泄漏频率；
- 泄漏数量及位置的概率分布；
- 点火概率(对于爆炸和火灾危害)；
- 大气参数(风向、大气稳定度)；
- 每一被动保护层、主动保护层以及程序化削减措施的失效/成功概率；
- 发生特定结果概率。

术语“频率”和“概率”已在本书术语汇编部分定义。两者本质区别在于频率根据单位时间来表述，而概率则是无量纲的。因此“风险”是后果和频率的组合，而非后果和概率。

这些因素的应用示例参见表8.1所示的两个爆炸场景：(1)蒸气云爆炸(VCE)；(2)液位控制阀失效，导致高压系统泄漏气体窜入低压系统。形成蒸气云爆炸必需的前提条件是可燃介质泄漏，并形成可燃的蒸气云。可以根据表8.1识别或综合所有数据来源估算各种失效诱因的频率，进而计算泄漏频率。根据泄放工艺条件(例如，温度、压力，有效存量或者最大流量)及当前是否存在可限制泄漏规模的主动系统(如关断阀)确定蒸气云规模。计算频率方法可参见章节8.3。蒸气云形成后，风和惯性力会使它靠近或远离某一规定建筑，也可能进入或远离某一拥挤封闭区域。通常会对气象条件及潜在点火源概率建模，一旦确定了方向且点燃蒸气云，则可以准确计算爆炸严重程度及其能量，建筑物受损状况及人员伤害率，参见第5章所述。

表8.1 确定爆炸频率因素的简单说明

初始事件举例	泄漏规模	点燃概率	爆炸严重性影响因素	危害形式
管道泄漏 • 设备撞击破坏管道 • 腐蚀失效 • 材料兼容性 • 振动 阀泄漏 阀门置于开位（人为失误）	泄漏孔尺寸； 管道尺寸； 上游高压液体（闪蒸）与蒸气流； 隔离设备运行或不运行； 泄压速率； 温度	存在有效点火源 • 无点火源（无火灾或爆炸） • 直接点火源（仅火灾） • 迟发性点火源（潜在VCE）	存在阻塞或封闭空间	VCE
气体泄漏窜气/容器爆裂	不适用	无要求	根据蒸气云规模及失效容器爆裂压力确定	容器爆裂

气体窜漏情况下，高压气体进入低压系统可能会导致某一个单点失效（液位控制阀故障卡在打开位置）。如果低压系统没有足够容量吸收高压气流，则唯一需要考虑事故可能是低压系统的安全阀失效（或泄放量不足）。一旦发生事故（容器爆裂），使用第5章中规定的方法论，可对所有下游后果确定性建模。

如果是化学反应失控，情况可能会更加复杂，甚至可能无法实际计算反应失控情况下所需的理论泄放能力，这种情况下通常利用适当的高完整性工艺控制解决这一问题。当此工艺控制系统失效既可能导致容器爆裂也可能因反应器物料泄漏引发蒸气云爆炸（VCE）。

本方法是独立泄漏场景后果量化频率的典型流程，再汇总其他泄漏场景然后确定总体后果频率。利用单元级别的历史事故数据，以及类似单元的企业或行业数据进行分析。这部分内容将在章节8.2.2中进一步讨论。

8.2 制定场景列表

8.2.1 基于单一来源的方法

第一步是确定不同类型场景后果频率，既确定什么样的初始失效可能导致的类似后果。初始事件既可以通过一般性描述来定义（例如，发生失效，但原因不明),也可以通过情景分析(例如,因为特定的故障或情况组合而引发的事件;由于特定的失效机制导致失效发生)。如已有频率数据或通过其他方式来支持分析过程,则这两种方法均适用。无论如何,分析过程必须明确地(情景分析)或者含蓄地(通用分析)考虑导致负面结果的事件范围。某化工处理装置可能发生的场景清单如下(包括但不限于)。

典型的初始事件的通用数据:

- 反应物料失控或者外部热输入导致反应器或者储存容器超压;
- 腐蚀导致泄漏;
- 操作期间打开维修连接口;
- 泵密封失效,阀杆填料泄漏,法兰垫片泄漏等;
- 工艺处理容器应力腐蚀断裂,内容物料泄漏。

需要通过情景推导确认频率的典型初始事件:

- 反应物料失控或者外部热输入导致反应器或者储存容器超压;
- 操作期间打开维修连接口;
- 过量蒸汽流进入放空装置或蒸汽处理系统;
- 小口径管道断裂,比如因坠落物体导致仪表管线连接口断裂/脱落;
- 导淋或放空阀门意外打开。

美国化工过程安全中心的《化工工艺定量风险分析导则》(CCPS CPQRA,2000)附件A指出了其他潜在场景。难以逐一单独量化这些事件频率,尤其是因其可能表现为较大范围的不同孔径尺寸。风险分析人员经常利用数据库解决此类复杂性问题,该数据库是根据各种类型的管道和设备的通用失效(例如1/4″孔泄漏,2″孔泄漏,管线断裂)统计不同孔径范围的泄漏失效频率。

只要分析人员确认以下情况,在分析中使用通用失效数据是完全可以接受的:

- 不存在导致失效频率高于通用失效率的异常失效源;
- 通用失效数据源包含了所有相关失效诱因(某些数据库明确排除了某些失效诱因,如操作人员误操作);
- 适用于管道和设备及其失效尺寸的可用频率,也需要考虑被评估危害的频率;
- 数据库的行业相关可用性(例如基于核工业的失效数据与流程工业的失效数据)。

8.2.2 基于场景后果的方法

在某场景后果为基础的方法中,无需识别事件源,而是直接假设某事件发生并导致该结果。以蒸气云爆炸(VCE)举例说明,即假设某处理单元的拥挤空间均被可燃气体填充，然后被点燃。

这种单位级别的后果与频率，其组合可能导致非常保守的风险值，因为后果（例如，“最坏情况”爆炸）通常会与严重程度低于“最坏情况”的场景频率相匹配。然而这种方法得到的风险比个体来源方法确实更加简便。

使用场景后果为基础的方法进行某项分析时，应确认没有忽视比假设“最坏场景”更小的场景，因为其风险仍然不可小觑。这对于有毒物质泄漏尤其如此，因为有毒物质泄漏造成的影响是依赖于泄漏持续时间，较小的泄漏可能比观察者认定的“最坏情况”造成更多的危害/风险。此警告也适用于易燃气体泄漏，因为较小场景（通常）有更大的发生频率，在进行风险计算时，可能会补偿较大场景的高冲击。因此，分析人员通常会将某一“高量级”场景与某一较小的配对组合在一起（例如，Considine and Hall 2009）。

8.3 计算初始事件或事故的频率

以下几种方法可用于估计初始事件或事故的频率：

利用企业内部或现场的有效历史数据；

利用企业外部的有效历史数据；

通过计算造成事故的诱因组合频率或其某些组合频率来预测，然后对其中的每一个进行讨论。关键是要了解数据的来源并理解所使用数据以免误用。如果分析时不能充分理解源频率，风险评估则会被引入明显误差，那么在风险评估结果中可能会产生最大误差，导致严重误判。

8.3.1 利用企业历史数据

该方法中，收集现场或企业有关目标设备类型的历史失效信息和/或其工艺单元的历史事故信息，该信息可用于估算频率。此类数据体现了特定现场或企业的设计标准，维护标准以及操作标准，所以在这方面的相关数据应属于是最理想的可用数据。但是，如果仅使用现场/企业数据通常无法满足风险评估这一目的，其原因如下：

- 从单一个现场或企业无法获得充分的有效数据。这通常取决于是否有足够的多年运行经验以及是否发生事件/事故。对于高泄漏频率事件可能有充分的现场/企业数据，但主要失效数据通常很少。
- 数据不完整（并非所有事故均有可靠记录，或采用统一的定义集录入）。
- 预评估设备/工艺单元与收集数据的设备/工艺单元可能在功能形式上有本质区别。

可能克服上述每一困难。

在第一种情况下，有限但是有质量的工厂数据与具有统计显著性的大量通用行业数据互相整合，行业数据应利用统计学方法加以整理分析，例如贝叶斯统计定理(参见，CCPS，2000；Gelman，2004，TNO，1997)，结合工厂历史数据估计事件频率，并使其仍符合统计显著性。

第二种情况，需制定严格的工厂/企业数据收集数据流程。收集这类数据的方法已在之前的《通过收集和分析数据提高工厂可靠性指导意见(CCPS，1998)”一书中有所介绍，同时也是美国化学工程师协会内部一个仍在从事数据收集委员会的基础工作(工艺设备可靠性数据库[PRED])。对于要求不是那么严格但又可接受的数据收集方法和分类可以采用可靠性数据源如OREDA(2002)。

最后(上一页中最后一个标题所示情况)属于几乎所有共享数据源均存在的难点，——即发现设备统计显著性失效频率，该设备在设计、安装、维护、运行经历等方面几乎不可避免地与世界上其他单项设备存在区别。能够解释所有这些变量并最广泛使用的方法是基于风险检验(RBI)方法论，该方法论是由美国石油协会(API 2000，2002)和几家商业公司共同开发。然而，基于风险检验(RBI)的输出结果不能精确地在所需的形式上服务于基于风险的设施选址评估，所以不鼓励以此为目的使用基于风险检验(RBI)，除非标的主题分析人员同时熟练掌握基于风险检验(RBI)以及定量风险评估(QRA)方法。

8.3.2 行业(通用)历史数据

因为在前一章节中描述了局限性，初始事件/事故数据通常采用来自公共和私人领域的很多失效/事故数据库中的一个，表8.2列出其中一部分：

表8.2 常用设备的失效率数据库

类别	参考来源	备注
常见数据源：[应向设备供应商咨询所有设备类型]		
通用	Rasmussen，1975	用于核电站且具有30多年历史的数据库。至今仍被引用，开创性工作
通用	Lees(Mannan，2005)	过程风险分析的“圣经”。有一定的更新，必要时仍引用了许多早期数据
通用	CCPS，1989b	化工工艺行业数据库数据库的初步成果。没能继续完善，数据有限且有局限性
通用	IEEE，1983	以核工业为基础，含有多种系统数据，用于多种失效模式
通用	OREDA，2002	基于近海海上平台，涵盖所有相关设备类型
通用	E&P Forum，1996	陆上、海上、船运及其他领域的失效率摘要

续表

类别	参考来源	备注
通用	TNO Red Book，1997	被广泛引用的数据来源之一，被下一个数据来源所替代
通用	RIVM Bebi Dataset	推荐荷兰用于安全报告的失效频率数据库。Bevi 风险评估参考手册，第 3.1 版，发表于 2009 年 1 月 1 日。该文件是 TNO 紫皮书的更新版本。公共卫生与环境研究所（RIVM）属于荷兰外部安全监管机构（VROM）的一个研究机构
通用	Flemish Govt. Handbook，Failure Frequencies for Drawing up a safety report，2009	近期发布的数据库，包括几种在其他数据库中找不到的设备型式。比利时在 Seveso 风险评估中授权使用该数据集
通用	HSE（FRED），2010b	最近已更新的公开可用的数据库
通用	HCRD，2009	英国北海过程设备 HCRD 数据库。英国 HCRD 完整记录了四千起已知装置人员数量的泄漏事故。高质量数据，涵盖某些通常不采用基于风险方法分析案例（例如，维护期间，正确隔离装置引起微弱泄漏）
其他特定设备数据来源：		
压力容器	Smith and Warwick，1981	广泛引用的数据来源，但有局限性。其中包括的压力容器数据可能或不可能受一般流程行业分析人员关注
储罐	OGP，2010	由国际石油天然气开发协会近期直接颁布的贮存事故频率数据
压缩机	Bloch and Geitner，1994	包含了可靠性修正因子，可用来执行自定义定制分析。相对于泄漏，更强调操作运行过程的可靠性
长输管线	DOT（Keifner，1996）	最大的美国管道数据库
通用	Office of California State Fire Marshal，1993	详细分析影响泄漏率的各种变量
管道	Muhlbauer，1999	没有数据，描述了可能影响管道泄漏率的诸多因素的有益参考资料
管道	CONCAWE（Lyons，1998）	欧洲管道数据库
管道	EGIG，2008	欧洲天然气管道数据库
公路/轨道运输	US Traffic Safety Facts，2002	美国运输统计局官网提供的信息
船运	FEMA，1989	提供一种船运危险物料的风险分析方法，带有数字标识
	CCPS，1995a	提供了运输风险评估的方法和数据

续表

类 别	参考来源	备 注
人为失误	NUREG(Swain, 1983 and Embrey, 1984)	该领域中最早的研究成果,关注于核工业
	SPAR-H NUREG/CR-6883 (Gertman, 2005)	SPAR-H 人员可靠性分析方法。NUREG/CR-6883 爱达荷国家实验室,美国核工业监管委员会编写
	CCPS, 1994b	良好的行业概述
事故数据		
	Marsh(2009)	提供事故数据。人员统计数据可从其他来源获得(例如,石油天然气杂志有关操作炼油工艺单元的人数)
	Gertman, 2005	预防过度损失的数据源,其中一个附件总结了世界范围内发生过的许多重大事故案例
	Mannan(2005); CSB(2002)	主要对以往反应性化学物质引起的事故案例进行统计修订

这些数据来源有其缺陷,通常包括:

- 数据不是来自特定现场、特定企业,在某些情况下甚至不是特定流程工业。
- 数据源对泄漏概念的定义不明确或不一致。
- 数据"通用"的意义是指失效并非特别的诱发机制导致。因此,数据库所含失效可能并不适用于当前情况,或者相反,可能低估了导致该事故的失效机制,而该失效机制恰恰对当前的设备有着重要意义。
- 经常让人误导的事故描述(例如,火灾错误地描述为爆炸)。

由于这些原因,最好不要依赖单一数据来源,而是收集有效的数据来源并从中选择一些组合,使其最适合于现场装置运行。在有条件的情况下,最好也检查原始数据,而不是立即着手进行数据分析。

数据通常是"每一单位"形式提供的(例如,每容器年,每英尺管道每年),所以原始频率需乘以暴露于建模的特定场景下的单位量。

8.3.3 通过量化的成因预测

故障树分析(FTA)

早期的方法通常应用于"通用"存量损失事故,其原因是不考虑或上报事故数据。然而在某些情况下该"通用"方法是不适用的,原因如下:

- 并没有某一"共同的"(如腐蚀)失效机制可以决定失效原因,而是具体取决于所分析的过程。例如,因某一具体操作使反应失控或泄漏导致容器破裂,例如像移除过滤器,取样,排净,油罐车装卸载等破坏密闭度的操作。

• 事故属于“计划性”失效。例如打开安全阀或爆破片动作后对大气直接排放。

以上两种事故中都是多重因素导致失效。例如，某冷却水泵至反应器夹套失效，备泵不能自动启动，以及应急反应终止剂未能及时加入，导致反应器出现反应失控现象。

除非该事故经常发生，所收集数据量足以满足统计显著性标准(没人希望如此)，如故障树分析等方法常用于合理评估频率。故障树方法论及其系统命名法在许多数据来源处均有介绍[例如 NUREG-0492(美国核能管理委员会，1981)以及《化工工艺定量风险分析导则》(CCPS，2000)]；举例如图 8.1 所示。

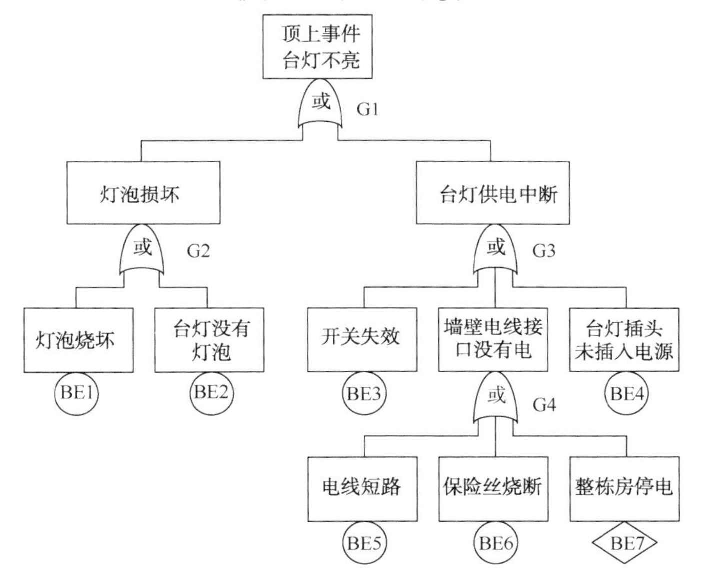

图 8.1　故障树示例

原则上，结合公共数据源，工厂历史数据和专家判断，可以量化故障树每一分支的概率。危害分析人员或分析团队可能有某一失效频率的估计值，这可以与外部获得的数据计算结果进行对比，起到“真实性核查”作用。

故障树不仅可用于建筑物选址评估，且经常用于凸显导致失效的最主要原因，从而识别出故障树中最值得关注的部分(如维护、测试)。

在任何情况下使用故障树方法论时，采取一些必要措施校准故障树精确度是非常重要的。由于每一故障树输入数据都有一定程度的不确定性，这使得在计算过程中与实际情况相比出现显著偏差。考虑到设计和操作之间的任何差异后，通常有一个或多个“顶上事件”在某个现场装置或行业发生，并把其作为量化故障树的参考点。值得注意的是,“顶上事件”其自身通常是极其罕见的,并且该事故“数据”不具备统计显著性,但在另一方面,其自身的巨大价值体现在故障树验证上。

失效模式及影响分析(FMEA)

FMEA 与失效模式影响及关键性评估(FMECA)是密切相关的两个方法,通常用于评估某系统特定组件的可靠性,比如压缩机。本案例目的是为了从底部向上构建一个失效频率,通过审查压缩机可能失效的所有方式(例如,密封或轴承失效),并量化每一相关组件的失效频率。

该方法起源于美国军方,军方文件(USDOD,1974)或更易得到的公共资料上有相关介绍,如维基百科。

失效模式影响及关键性评估(FMECA)输出数据的部分样本见表 8.3,这是经常用于这些研究的众多模板之一。

表 8.3 失效模式、影响及危险性评估示例

系统:装载卡车采用柔性软管连接

组件	潜在失效模式	潜在影响	潜在诱因/机制	当前/计划内掌控	严重性	可能性	备注
接头(固定式)	泄漏/破裂	泄漏至大气(适用所有事故都除非另有说明)	老化(腐蚀等原因)	可见泄漏。失效模式不不可能是破裂引起的。雨淋系统存在小泄漏	A	4	
	泄漏/破裂		置换错误部件	仅软管本身须定期更换,其他部分按需更换	A	3	若采取焊接方式连接所有连接点,假定的控制逻辑可能不正确
	泄漏		接头未完全拧紧		C	3	是否可使用扭矩扳手保证拧固一致性吗
止回阀	阀位失效	卡车大量泄漏持续加剧	其他装置已有收集累积物和酸液收集情况		A	3	考虑对止回阀进行间歇功能测试。如止回阀失效,应确定响应
连接卡车的软管	泄漏/破裂		软管未正确拧紧最坏的情况是在工作期间因注意力分散,根本就未拧紧	两人在场,检查接口是否恰当连接。打开处理之前,系统先用氮气进行压力测试	A	3	操作人员是否使用扭矩扳手保证拧固一致性吗

续表

系统：装载卡车采用柔性软管连接							
组件	潜在失效模式	潜在影响	潜在诱因/机制	当前/计划内掌控	严重性	可能性	备　注
	针孔泄漏		重复使用原来的O形环连接	充足够的O形环可用	D	2	
	适度/中度泄漏		未采用合适的O形环连接	预压力测试期间可发现明显问题	C	3	

保护层分析(LOPA)和安全完整性等级(SIL)分析

美国化工过程安全中心(CCPS)出版的保护层分析(LOPA)一书详细介绍了该方法(CCPS，2001)，该方法既可以估算初始事件频率，也可以或同时估算后果频率，取决于就位的保护措施是否能预防事故诱因以及是否能控制或者减轻事故后果。

该方法最常见的形式是，给保护层规定一个能成功预防不期望后果发生的某数量等级概率值。因此“SIL1”保护层可靠性不能低于需求时失效概率(PFD)= 10^{-1}，“SIL2”则要求 PFD≤10^{-2}。表 8.4 是美国化工过程安全中心(CCPS)出版的《保护层分析》(LOPA)(CCPS，2001)一书中提供的保护层分析/安全完整性等级分析输出数据。

表 8.4　保护层分析举例

场景编号 2a	设备号	场景描述：己烷储罐溢流。溢流液体量超过了池堤限制		
日期：		描　述	概　率	频率(每年)
后果描述分类		己烷储罐溢流和液池失效导致己烷泄漏至堤坝外		
风险可容忍标准(频率分类)		需要动作 可容忍		$>1\times10^{-3}$ $<1\times10^{-5}$
初始事件(通常是一个频率)		BPCS 系统 LIC 回路故障		1×10^{-1}
使能事件或条件			N/A	
条件修正因子(如果适用)				
		点燃概率	N/A	
		影响区域人员受影响概率	N/A	
		人员伤亡概率	N/A	
		其他因素	N/A	
未削减后果的频率				1×10^{-1}

续表

场景编号 2a	设备号	场景描述：己烷储罐溢流。溢流液体量超过了池堤限制		
日期：		描　　述	概　　率	频率(每年)
独立保护层				
		积液池(已建)	1×10^{-2}	
		SIF(待添加——参见行动表)	1×10^{-2}	
保护措施(非 IPLs)		人员动作不能作为 IPL 是因为基于 BPCS 产生报警。不能作为 BPCS 失效的初始事件(方法 A)		
所有 IPLs 的 PFD 合计			1×10^{-4}	
削减后果的频率				1×10^{-5}
是否满足风险可容忍标准？(是/不是)：是，额外增加安全仪表功能(SIF)				
满足风险可容忍标准建议措施		增加安全仪表功能，其 PFD 为 $1X10^{-2}$ 责任方/个人：厂方技术部/J. Doe，2002 年 6 月		
备注 添加建议措施至措施跟踪表 参考文件(指向危害分析使用文件的链接，PFD，P&ID 等) LOPA 分析人员(小组人员构成，如果有必要)				

由于评估精度通常只局限于数量级，基于风险的建筑物选址分析过程的主要作用通常体现在被公众广泛接受的保护措施上。

8.3.4　表示失效率不同于标准值的因素

使用“通用”失效率数据的缺点之一就是这种数据不属于面向具体应用的专用数据。从数学角度而言，令业主或运营商无法接受。由于无法证实该频率已确实下降，例如通过增加检验频率或改进培训等措施，因而没有进一步改进设计、维护/检验以及其他流程从而降低风险的推动力。风险评估需要提供精细化的实证，评估过程可以在客观的基础上对获取或衍生出的频率进行调整。

确定失效频率时应考虑以下因素(包括但不限于)：

以往事故的历史数据。过程安全管理系统频繁出现的未遂事件可能预示了故障。也可能预示装置极有可能继续发生其他未遂事件(可能最终导致严重事故)，除非着手改造，以防复发。

评估失效频率过程中，过往事故或安全检查可以提供非常宝贵的指导性意见。比如，如果某一给定服务存在腐蚀记录，可以根据实际失效或某项技术手段，如基于风险的检验，预测未来失效频率。当然，人们会期望通过积极主动的措施减少其未来的失效率这一方式，可以妥善处理某一已知的、重复性的失效诱因。因此利用厂方数据作为基础预测未来，在这方面应采取保守态度。

工艺操作条件。某些工艺条件会增加场景频率，包括高温以及高压，或异常低温；强放热反应；也包括强腐蚀性、强冲蚀性以及不稳定物料处理流程；或压力或温度频繁周期性变化的流程。

相反地，没有腐蚀性或运行在温度和压力温度下的流程不太可能因腐蚀或流程失效引发事故。

设计裕量以及设计完整性。尽管工艺装置的设计和建造都符合相应的规范和标准，但保守倾向成为机械设计过程的一部分。可以采取以下形式：增加另外的管道壁厚，提升冶金工艺标准，甚至会提高处理能力，比如两列装置并行便于更为频繁的维护工作。任何这些因素都会减少所关注的场景发生频率。

操作复杂性。设计阶段的复杂操作会引入忽略潜在安全性问题的可能，也会给运营商准确快速地评估装置异常并以适当的行动做出反应带来挑战。

人为因素。频繁的手动操作会增加发生潜在事故的可能性。由于注意力分散、疲劳、压力或增加工作复杂性等种种因素均会增加人为故障率。比如，某一烃类密闭容器需执行重复性排水导淋操作。如果导淋持续时间非常长，操作人员冒着离开处于打开状态导淋阀的危险同时兼顾其他职责，操作人员可能忘记返回并关闭阀门，最终导致烃类化合物泄漏。

单元设计也会增加发生潜在事故的可能性。单元设计时不考虑操作人员活动和行为，更有可能导致误操作，并引发事故。如操作人员需要较长响应时间了解情况并尝试减轻事态进一步发展，则会导致事故升级。

装置寿命。老旧设备，特别是频繁进行热机械循环的设备，其失效频率可能更高。此外，新设备应视为用于减少设备失效可能性的改进设计。这种考虑不仅可以适用于独立的单一设备，也适用于整个过程单元。

如果设计不正确，施工中使用错误的材料，或实际开车操作条件超出设计的安全运行包线，全新的设备也可能失效。下一节中进一步讨论设备寿命。

防护系统和紧急控制的整体效能。防护系统，比如报警系统、停车系统以及紧急控制系统，往往是事故预防和操作人员及时响应的关键因素。正确设计、测试以及维护良好的防护系统可以有效降低失效频率。反之，系未经测试和维护的系统会导致失效频率升高。

积极的管理控制。重点注意已讨论过的许多注意事项，如果管理得当，可以有效降低场景频率。

- 装置寿命并不决定设备的失效频率。实际上设计得当、检查到位以及维护良好的设备会有效降低失效频率。长期的操作经验也可以提供有价值的信息，比如管道腐蚀率较高的位置，这种经验还可以实现多次设计改进。

- 由于任何水分到达设备都将被冻结，因而低温操作能有效降低外部腐蚀风险。
- 频繁的手动操作可以提高操作人员对设备的熟悉程度，强制性现场人工巡检可以有效预防设备失效。

8.3.5 数据修正方法

文献中已经介绍了一些修正通用故障频率的方法。接下来讨论一些方法示例的优缺点。分析人员必须保证使用这些方法时没有掺杂任何个人偏见，参见章节8.3.8。

通常都是线性修正且易于溯源，因此允许修正频率。“后果”风险方程恰恰相反，对后果模型的任何修正均属于非线性且不易溯源和验证。

托马斯模型

托马斯模型(托马斯，1981)是以数据分析为基础，由托马斯于1981年首先使用。提出了使用设备寿命，材料厚度和管道直径为参数，调整通用设备失效率，如下所述：

运行时间——他使用了一张图表(图8.2)调整设备运行时间。图8.2所示纵坐标表示设备达到某运行时间发生泄漏的累计频率。

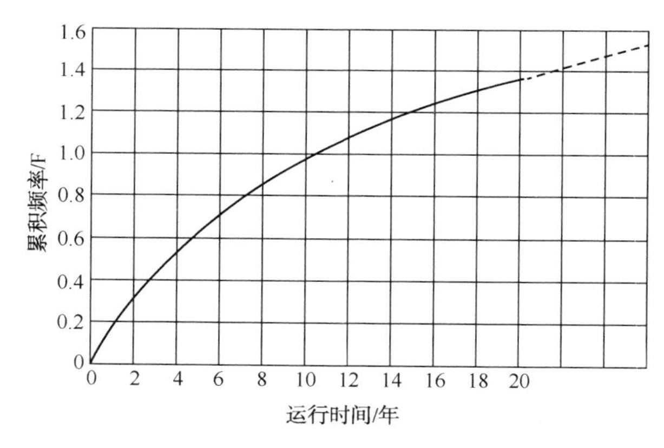

图8.2 修正管线泄漏率—管线老化(Thomas，1981)

现在还有更复杂的RBI方法处理寿命影响，但在缺少RBI分析所需详细信息情况下，托马斯方法可能是最适合的。然而，建议该方法仅用于设备生命周期的初始阶段，因为托马斯分析描述了“早期失效”而非对象的“磨损”现象。

厚度——托马斯提供的数据表明，其他条件相同情况下，失效率与设备厚度的平方成反比，即某一管线厚度为基准管线厚度的两倍时，其失效率是基准管线失效率的1/4。然而，该分析必须确认在合理有效期内正确使用修正结果。如果某工厂配置厚壁管线，该管线工作于极高压力或极强腐蚀性环境，那么增加管线厚度的净效应纯粹是为了补偿这一苛刻的运行工况。在这种情况下，增加管线厚度可能只会使得失效频率返回至接近通用的水平。

为调整失效频率以及非苛刻性工况条件下，可作为管道初始(通用)厚度用于“标准”管道规划总表，并根据托马斯方法进一步调整该规划总表。

直径——托马斯提出管道总泄漏失效率直接与管道直径成正比，泄漏表面积也与直径成正比。乍看之下，这猜想似乎与其他数据来源的结论不一致，这表明失效率大致与直径成反比。然而，工艺管线厚度通常随管道直径增大而显著增加，如图 8.3 所示，因此需要做横向同类对比。

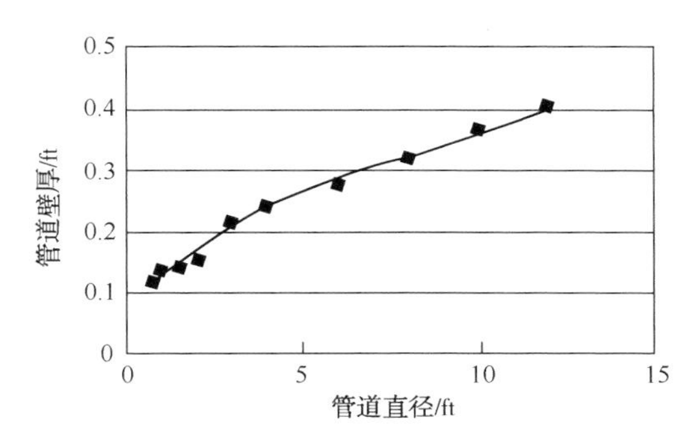

图 8.3　管道壁厚与管道直径的典型变化(ASME，2004)

安全管理的有效性

设备工作于同样工艺条件下，但在某一个现场的设备运行状态明显优于另一现场的同种设备。这通常归功于健全的机械完整性管理流程，或多或少的保守设计标准，以及完善的操作培训等因素。并通过工厂的工艺安全管理系统解决这些问题。CCPS 公布的化工过程安全技术管理导则，过程安全管理系统实施导则，化工厂过程安全技术管理导则，介绍了减少火灾、爆炸和毒性气体事故等关键领域必须的管理活动。

多年来，各种调查人员(如 API，2000；Pitblado，1990)通过询问涉及过程安全的各个方面的一系列问题，尝试针对设备失效频率量化过程安全管理的收益(或缺陷)，在某一次过程安全管理系统(PSM)审计期间可能遇到其中许多类似问题。结合这种方法所带来的好处有两方面：(1)获得更准确的(原则上的)失效频率；(2)助力进一步改进现场设施的过程安全管理(PSM)系统。

可以有效应用本方法，以下两个注意事项应引起关注：

- 评价某一个过程安全管理(PSM)流程的有效性时，可能存在明显的主观性差异，表现为，因审计人员不同会导致前后不一致的结果。

• 在实践中,行业中最具代表性的企业是运行良好的工厂,对其评价通常局限于一个相对狭窄的幅度内。通用失效率0.5倍到2倍之间。该误差范围与其他通用数据来源的误差范围基本一致。

最近的行业举措,提供了量化过程安全管理(PSM)影响的基础。其中两项被编入CCPS发布的过程安全评价标准一书(CCPS 2008a)以及API RP 754(API 2010)。次外,Pitblado等(2010)比较了调整通用失效频率的四种方法,并得出结论认为安全屏障法是最稳健的调整方法。针对整个范围的泄漏原因部署安全屏障时,应评估安全屏障的数量和质量,并根据通用数据来源而作进一步的完善和提高(本案例中,典型的炼油厂与英国HCRD相比较)。该修正系数适用于某一QRA分析中的所有通用数据。

过程安全管理系统的动态特性要求管理层应持续监控这些系统的有效性,以确保工厂风险被控制在可容忍的较低水平。管理变迁、人员设备、场地设施所有权、生命周期规划和经济周期的影响也要求设施选址研究应定期重新验证并重新审核之前的最初假设,作为持续改进周期循环的组成部分,维持全周期的过程安全完整性。

8.3.6 基于风险的检验

基于风险的检验(RBI)技术提供了一种调整通用失效频率值的可能性,因其更加面向应用符合现场情况从而也更加精确。但该方法必须小心使用,因为基于风险的检验(RBI)与基于风险的装置建筑物选址评估的目标不同。并认清其中最重要的问题,即并非所有风险源都适合单独检验;参见章节8.3.8。

8.3.7 消除失效类别

企业及其保险公司经常分析失效数据确定失效的主要来源,理想情况下,应该投入更多的资源来解决最重要的问题。一个分类图标示例,如图8.4所示:

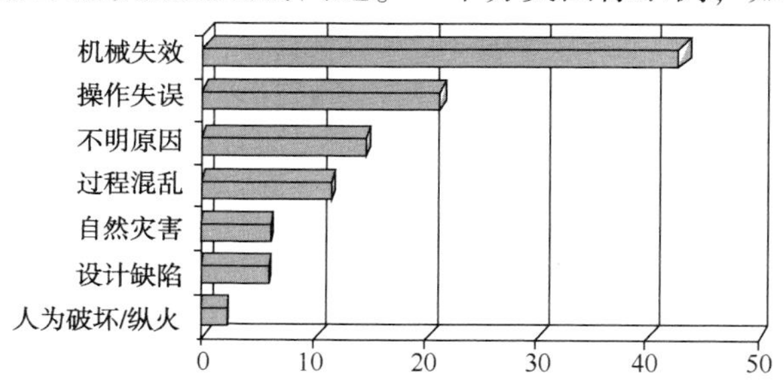

图8.4 石油化工行业亏损原因(亏损百分比)(Marsh,1999)

原则上,如果某个特定失效原因可以被排除,那么应该有可能是可置信的——例如,选址倾向于某一自然危害较少的地区。实际上,该方法难以实施,理由如下：

- 灾害被认为是微不足道的，但可能并非如此，它们只是最近未被观测到而已。
- 与分析过程中其他不确定性因素相比，降低失效频率的效果极其有限。

因此，在许多情况下，该方法可能不会得出合理有效的失效率量化结论，尽管它仍适于处理这些常规类别的失效诱因。应注意，存在技术手段处理某些类别的“常规危害”——例如，基于风险的检验（RBI）可以解决“机械失效”问题。通常，在一个基于风险的建筑物选址分析中，基于风险的检验（RBI）方法会独立使用；但在一些情况下，可能在选址分析中结合使用。

8.3.8 修正频率方法之间干扰

先前介绍的方法在正确条件下单独应用时都属于恰当和合理的选择。然而，某一设备项上应用多种方法导致重复计算。比如，如果使用 Thomas 方法得到的管道壁厚可置信，那么使用 RBI 方法作为同样的措施时就不属于可置信，在高标准的设计/过程安全管理（PSM）也不属于可置信。因此强烈要求如果使用任何上述方法，对于任何给定的潜在排放源只能使用其中一种方法，除非证实没有进行重复计算，或采用更基本的方法修正频率，比如故障树——该修正结果可以应用到故障树的特定分支。

通常，这些介绍的方法可以为改进失效频率评值提供帮助，但很可能在不同的分析人员评估同一情况时以牺牲再现性为代价。因此，这些方法应该慎重使用，并制定有关书面规定，一个从业者到下一个、一套装置到下一套，持续应用。

8.4 最终后果的概率及频率

8.4.1 事件树

在大多数情况下，某一给定初始事件根据事件发生时的具体情况，可能产生多种结果。事件树是一种可以量化每一个结果频率的常用方法。一个事件树可以被认为是某一故障树的镜像——在这种情况下，从故障树的“顶上事件”即是事件树的“初始事件”，并由此发展成多种结果，而不是由多种基本事件开始逐步发展成为顶上事件[1]。风险评估常用事件树的表达形式，如图 8.5 所示。

可能有必要在事件树中插入其他分支——比如，由于阻塞和封闭区域以及受

---

[1] 事实上，近年来故障树的简化版本与事件树相结合已经非常普遍了，因其形状，该技术被称为“蝴蝶结”。

体建筑物可能不会出现在远离点火源的某些方向上，考虑将风向作为引燃原因之一；或者考虑到主动保护系统正常运行或失效而增加事件树分支。这是事件树一个有用的基本形式，可以根据需要进行修改以容纳其他相关参数。

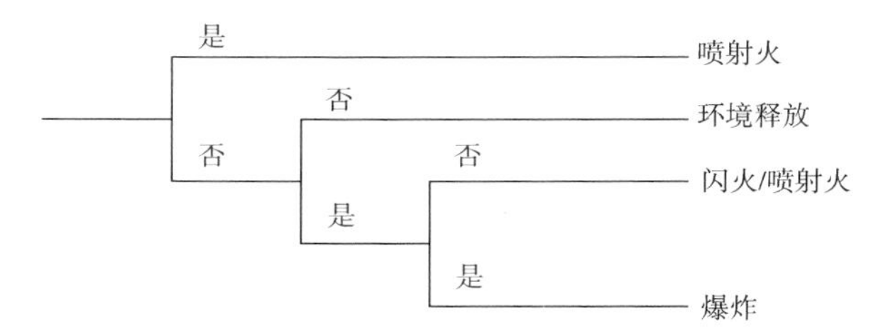

图 8.5　计算安全壳失效结果频率的事件树

8.4.2　量化事件树

下一步工作是量化事件树。保持事件树数学运算连续性很重要，以防产生无意义结果。需要的单元如下：

- 初始泄漏——用“年发生率”或其他时间单位计量形式表示的频率。
- 条件事件——(例如直接引燃，风向/风速，大气稳定性，延迟引燃，爆炸/给定条件的延迟引燃，人员暴露率)。这些是概率，属于无量纲的。
- 后果——用“年发生率”或其他时间单位计量形式表示的频率。

某一特定后果频率是由初始事件频率与导致该后果的条件概率共同决定的。

使用先前介绍的方法确定初始事件频率。条件概率则可以采用多种计算方法，下文将会进一步阐述。

直接引燃的概率

某些公布的数据资料或计算方法(例如 API，2000 和 Cox，1990)制定了有关可燃物料泄漏将被立即引燃的概率❶。许多资料采用了应用广泛的概率，例如丙烷泄漏而立即引燃的概率(POII)= 0.1，此概率值可能不足以反映过程装置实际运行情况(例如海上作业)。分析人员绝对不能盲目采信这些取值，因为实际上 POII 变化范围很大(比如，物料在高于自燃温度条件下泄漏或靠近燃烧的加热器时)。其他调查人员[Spencer 和 Rew 1997，TNO 2005，UKOOA 2006，CCPS 2012]已经考虑到那些已知会影响此概率的其他变量。

气象概率

在大多数机场所在地，每小时收集一次气象数据，包括：风速、风向、云层

❶“立即”这种情况指发生点火之前，可燃蒸气云足以导致爆炸。

高度和总云量数据，同时也包括每一6级风速，16个风向和6种稳定性类别在内的出现次数。通常，对于风险分析，三年收集到的数据可用于计算风速/稳定度等级概率以及风向概率。使用者应对现有可用数据做出合理调整，例如现场周围地势与气象站所处位置截然不同。某些现场也可能有自备的气象站，这些气象站的观测数据也可以用于风险分析研究。

即使计算机处理能力不断增强，但将所有风向和气象稳定度的所有组合输入风险分析软件是不切实际的。正因如此，风向玫瑰图数据通常被整合为2~6种具有代表性的气象条件。同理，也不可能对所有可能的环境温度和湿度组合建模。通常保守的方式是取最高月平均温度和最高年平均湿度。风险评估的主要对象化学品的沸点也往往有低于此温度，这种情况下总体来说应属于保守方法。然而，当相关物料沸点接近假定环境温度时，应选择一个相对较高的符合“普遍保守情况”的温度以确保选择条件的保守性。

延迟引燃概率

在事件树的数学运算中，我们希望“延迟引燃”的概率包括了泄漏物料接触外部点火源的情况，比如旋转设备、燃烧的加热器、过往车辆、高温作业/高温表面等。

这个概率值取决于泄漏物料的种类多样性和环境条件，在理想情况下，应该至少考虑使用一个固定的“万能”值来代替这些因素。

CCPS(2012)提供了基于关键变量，评估点燃概率的算法，内容如下：

- 泄漏的物料。[某些物料比其他物料更易点燃；最小引燃能量是对此趋势的一种度量方式]。某些物料容易形成蒸气云，而另一些常形成带有蒸气挥发的液池。此外，与其他点燃范围较窄的化学物相比，某些泄漏物有较宽的点燃范围(例如：乙炔)，可能易被点火源引燃。
- 泄漏量级。泄漏量越大，蒸气云规模越大，越有可能遇到点燃源。有时，较大规模泄漏会持续较长时间，提高了低能量点火源引燃蒸气云的机会。
- 泄漏持续时间和点火源的数量/密度，以及点火源的“强度性能”。蒸气云维持得越久，则点火源数量越多，被点燃的机会可能也越多；“硬性”点火源，例如明火，比“软性”点火源，例如热的表面或电力线，更可能引燃蒸气云。
- 室内作业VS室外作业，室内通风率[所有其他条件相同，通风有限的内部空间可包含的易燃蒸气云超过开放空间]。
- 蒸气云飘移区域是否已经分类[涉及上述第三个项目编号内容，但仍可适用于某一给定的完整区域，而不是某一特定点处的点火源]。

解决直接引燃概率问题的相关参考文献也提供了同时考虑这些变量因素的估值方法指南和算法指导。应注意这些指导意见的目的并非规定必须使用更为详细的方法；在很多情况下，某一“通用的”估值已经满足要求。然而，分析人员至少应该考虑这些变量对其特定设施的重要意义。

涉及“通用”与详细的点火概率模型问题有如下事实：现有概率模型是基于专家意见作为硬数据。不像在结果模型测试中，通过制定对照实验来确定某一给定的泄漏所导致的火灾或爆炸概率是具有不确定性的，适用于在流程行业中遇到的广泛情况。然而大多数有重大损失的事故都有记录，没有导致较大损失的泄漏事故资料很少。所以关于火灾和爆炸的频率/概率，其关系类似于可以描述分子而不可以是分母的关系。

CCPS关于引燃概率(CCPS，2012)，试图引入算法来解决这一困扰，该算法包括以前没有解决的变量。

引燃导致的爆炸概率

事件树上某一点，假设发生了延迟点火，并且仍未确定引燃会导致火灾还是蒸气云爆炸(VCE)。至于早期的条件概率，分析人员申请此概率的标准值是很常见的。然而，已知此概率取决于某些变量，包括释放量级(Cox和其他人，1990年)。大规模的泄漏结果将导致易燃蒸气云有覆盖较大区域，因此易燃蒸气云遭遇潜在的爆炸地点(例如：拥挤的空间)的概率更高。在其他文章中介绍了蒸气云爆炸(VCE)可能性的模型，CCPS发布了其中之一(CCPS，2010)。

结果频率

图8.5事件树描述了每一结果的频率(并未考虑其他复杂性，如气象条件)：

爆炸频率=初始泄漏频率×(1-直接引燃概率)×(延迟引燃概率)×(延迟引燃后爆炸概率)

火灾的频率(未爆炸)=初始泄漏频率×[直接引燃概率+(延迟引燃概率)×(1-延迟引燃后爆炸概率)]

泄漏未点燃频率=初始泄漏频率×(1-直接点燃概率)×(1-延迟点燃概率)

图8.6用简化的事件树说明了上述频率。

应注意，爆炸之后容易发生火灾，并且应分别核算。

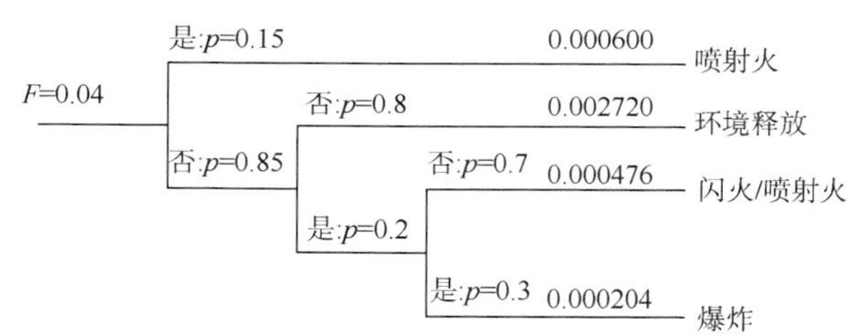

图8.6　事件树基础量化举例

8.5 基于单元的后果频率

某些运营商制定单元级别的后果频率(例如爆炸)，而不是在逐一场景汇总的基础上。这种方法既有优点也有缺点，部分如下。

优点：

- 大大简化了分析。
- 对于常见单元类型，某些事故类型的预期频率信息是公开的，比如爆炸(如 API 2003)。

缺点：

- 许多情况下，后果定义并不精确。比如，在爆炸的情况下，单元类型“Y”的频率，通常不了解爆炸、火灾或者泄漏规模。因此，用户通常不得不假定有关此事件的最坏情况，以免发生非保守性结果。
- 在单元审核过程中有一个隐含的假设，即该单元应与“典型”单元在设计、布局和运行等方面类似，同时也应与“典型”单元的失效概率数据库相类似。因此该假设应在分析过程中始终坚持。
- 未考虑到过程中的处理能力(库存工艺条件不同，减灾系统不同，等等)，或改良地理条件(例如：改变设备布局来压缩封闭和/或拥堵空间，改变与其他工艺单元间隔距离等)可以减少爆炸频率。

制定单元一级的结果频率，步骤如下：

- 查找某一单元一级的频率数据来源，使其代表你的操作运行过程。
- 根据你指定的操作运行过程做任意适用性调整，并与某一属于同一类型的“典型”单元做对照[参见示例，Moosemiller，2010]。
- 该频率与某一结果严重度配对后，能够发现在保守层面所犯的错误。

允许使用多层次分析。例如，首次检查中，可使用某一单元的爆炸频率。根据高阶评估结果，然后可应用更精细的基于风险的评估工具。

由于不存在特定的初始事件以及可量化的初始事件频率，此方法的使用人员可利用于单元一级的结果频率。API 752 炼油工艺装置(1995)初版本已有相关示例，并由 Moose-miller 进一步扩展(2010 年)。

9 风险评估

9.1 介绍

《Guidelines for Chemical Process Quantitative Risk Analysis》(CCPS，2000)和另一些书籍(例如：TNO紫皮书，2005；Taylor，1994)均详细介绍了风险定量分析的方法。因此本文将重点介绍建筑物内人员风险评估的主要内容。

风险分析是一个复杂的问题，既需要考虑企业的特殊要求，有时也需要了解监管机构的具体规定，无论上述何种情况均需要处理得当。例如，有些国家(见9.4节)的可承受风险标准由某一个监管机构在其管辖范围内的每一个工作人员来制定，而另一些国家(如美国)，其最低可接受风险标准就不明确。尤其对拥有全球性业务的企业，在不同管理体制下进行统一的风险管理，这具挑战性。企业若正在制定一套内部风险评估方案，用于评估蒸气云爆炸和有毒物质泄漏影响，强烈建议该企业的法律专家参与其中，以确保制定方案符合企业操作规范要求。

9.1.1 本书所述风险的范围

基于风险的建筑物选址评估应符合API RP-752标准要求，同时也要明确界定评估范围。人们在工作和日常生活中会遇到各种各样的风险。有些与建筑物位置有关，而有些与之无关。依据RP-752，本书重点讨论了“有人值守的新建和已建建筑物因爆炸、火灾和有毒气体泄漏对现场人员造成危害的相应风险管理”。

风险分析考虑爆炸、火灾和有毒气体泄漏场景对建筑物内人员造成的后果及场景发生的频率。通常，业主和运营商会根据工作地点制定风险标准，建筑物内人员不应被置于超过该标准的风险之中。由于存在建筑物，爆炸时产生建筑碎片会增加建筑物内人员伤亡风险。评估个人的总体风险时，建筑物也是工艺装置内众多风险因素之一。有时，建筑物自身对其内部人员构成主要风险，应切实努力减少风险。有时，对建筑物内人员几乎不会构成威胁，则无需采取措施。一些风险在本书所述范围之外，包括但不仅限于：

- 供气仪用于换热/冷却时，建筑物内公用工程气相管线引起的风险。
- 控制室仪表风使用备用氮气检测仪表时，建筑物内存在潜在的人员窒息风险。
- 蓄意破坏和恐怖袭击风险。
- 内部火灾(例如，电气火灾，垃圾着火)。

9.1.2 本书所述风险的定义

风险是根据场景发生概率(频率)及损失或伤害(后果)的严重程度，衡量人员伤害的程度。CCPS 对“风险”也有类似的定义：

“用于衡量潜在伤害、环境破坏或经济损失的事故概率及这些伤害、破坏或损失严重程度。”

因此，“风险”不仅与场景后果相关，还与发生后果的频率相关。建筑物内有人值守情况下，“风险”可能会以不同形式体现，包括但不仅限于：

- 建筑物内任意个体的风险(“个体风险”的一种形式，特指“基于位置的个人风险”)；
- 建筑物内特定个体的风险(“个体风险”的一种形式，在此有时特指“基于个体的个人风险”)；
- 建筑物内特定群体的风险(即“总体风险”，有时特指“社会风险”)；
- 建筑物自身的风险(某种“个体风险”或“地理位置风险”)。

除死亡风险，也可以考虑其他风险类型，但建筑物选址评估风险通常是指某一个体或某一群体的死亡风险。爆炸危害包括危及生命的伤害，是因为爆炸的模拟计算是在此基础上开发的。爆炸风险评估包含对生命的伤害，因为在没有任何迅速援救和药物协助的情况下，爆炸很可能导致立即死亡。火灾和有毒气体泄漏导致的死亡速率往往低于爆炸导致的死亡速率，所以被困点附近是否设有医疗救援显得尤为重要，它决定了受爆炸影响的人员死亡率。为了简化，风险计算时使用“死亡率”一词表示不同危害后果对人员的伤害程度。

9.1.3 风险定量与定性风险评估

近年来，定性风险评估方法在流程工业不断发展进步。包括过程危害分析(PHA)中常用于场景等级划分的风险矩阵。恰当的运用这些方法可以让人受益匪浅。例如，PHA 分析使用的风险矩阵考虑了操作人员的风险认知水平——有能力评估装置设计、操作和维护的具体标准以及可能出现的异常工况。

风险定性和定量分析在某些方面很有优势。例如他们可用来识别非标准场景(指那些需要采用故障树或 FMEA 方法评估的场景)。实际上，可以把定性分析的技术并入基于后果或基于风险的建筑物选址评估。然而对于 RP-752 要求的爆炸和有毒风险的详细后果和风险分析，这些方法通常不满足要求，原因包括：

• 定性分析方法通常近似地(最佳状态)采用化学品排放与扩散模型。

• 蒸气云风险定性分析时，所采用蒸气云爆炸模型通常没有充分考虑堵塞/受限空间与蒸气云的相互作用，以及加剧(或不变)爆炸火焰传播速度的固有倾向性。

• 定性分析方法可能没有考虑(或只是粗略地考虑)有人值守建筑物的结构强度。

• 分析有毒物质泄漏模型时，基于风险的分析方法不能良好地处理浓度-持续时间(剂量)的关系。

总之，定性分析和半定量分析方法并不能解决复杂的多变量问题，而这又是进行准确的建筑物选址评估的关键因素。由于这些问题，定性和半定量风险分析方法不能用于建筑物选址评估，除非改进分析方法，其前提是针对所有可能出现的场景，都以最苛刻的后果为基础，建立保守的模型。

本书并不是要排除或放弃使用定性或半定量分析方法用于建筑物选址评估，若有据可依，这些方法仍可能用于频率修正。如上所述，这些方法可部分用于危害和风险分析。它们在一定程度上有利于建立良好的工艺安全规范，并可以有效整合到良好的设备操作规范中，因此这些方法不应该排除。

这些工具可适用于：

• 企业内部工艺安全审查；

• 确定详细设备选址分析次序；

• 确定制定危害/风险削减措施的顺序。

9.2 风险度量类型

9.2.1 常见风险度量

CCPS 出版的《Guidelines for Chemical Process Quantitative Risk Analysis》(CCPS 2000)一书中指出了风险度量的三个主要类别：个体风险，社会风险(又称“总体风险”，本书用于有人值守建筑物风险评估)，以及风险度量标准。RP-752 规程只考虑个体风险和总体风险，不包括风险度量标准。描述如下：

个体风险：表示建筑物内人员暴露于危害的风险。通常采用每年重伤或致死频率(死亡数/年)计算。三种常用个体风险度量指标如下：

• 建筑物地理位置风险——这儿被定义为人员风险，个体一直呆在特定建筑物内的风险(365 天/年，24 小时/天)。当然这种情况不存在，但可用于表示人员一直待在某建筑物内值守的风险，例如：控制室。对个体采用建筑物地理位置风险的度量是一种简化的方法，这避免了对复杂变量的处理，以及对这些复杂变量相关的暴露条件的假设。此外，该定义给出了某给定建筑物内人员潜在死亡的频率，这类似于 CPQRA 书中对“个体风险”的定义：人员在室外暴露频率为 24 小时/天，365 天/年。

• 最大个体风险，指暴露群体中，暴露频率最高的个体所承受的风险。对工艺装置建筑物值守人员而言，是指在调研期间建筑物内值守时间最长的人员。暴露频率最高个体所承受风险是每一具体场景预测的发生概率与人员伤亡概率的乘积，再乘以人员实际暴露时间分数(即：在建筑物中停留的时间)所得。暴露频率最高个体的总风险是根据所有具体场景计算后的风险总和。需要注意的是，该风险度量是建筑物地理位置风险度量的一个子集，也可通过将建筑物地理位置风险与最大人员的暴露时间分数相乘而得。尽管这为用户提供了重要的风险衡量方法，但这并不能代表一直有人员值守的建筑物内的人员死亡风险。

• 平均个体风险，是指暴露群体中全体人员的个人风险平均值(例如，某一大型工厂所有建筑物内人员)。当群体中个体风险水平相当时，采用这种风险度量方式最合适。

总体风险：用于衡量可能影响某个或多个建筑物内所有人员的潜在风险。总体风险常用多个人员伤亡频率分布曲线表示，即 $F\text{-}N$ 曲线。图 9.1 是一个典型的 $F\text{-}N$ 曲线。

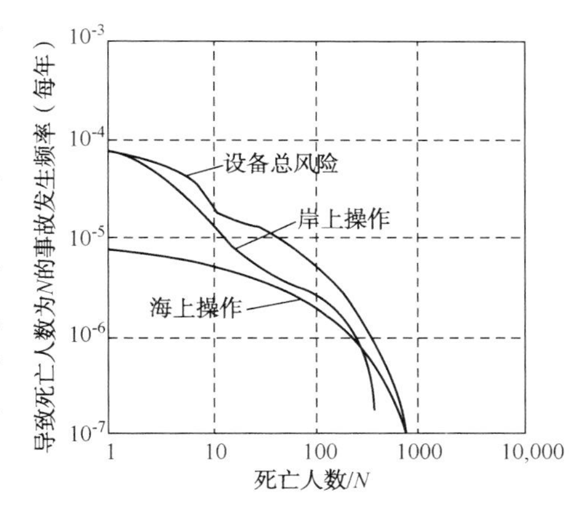

图 9.1　总体(社会)风险($F\text{-}N$)曲线(CCPS，2000)

尽管总体风险通常用于表示对厂外人员的风险，但是对厂内人员而言，化工装置也是其重大生命威胁的因素。特别的，一个重大事故场景可能会影响多个建筑物和每一幢建筑物内许多人员。因此，总体风险既适用于厂内风险评估，也适用于厂外。

关于总体风险度量，已有大量相关指南发布，包括对 $F\text{-}N$ 曲线可接受风险水平的变化。然而大多数这些指南讲述的是群众风险(这里称为“社会风险”)，通常不作为厂内风险评估依据。对于厂内建筑物风险评估，建议恰当采用“总体风险”度量，以前称为“社会风险”。

总体风险通常用于衡量装置或单元内人员的集体风险，该装置可能暴露于一个或多个场景中。它表示某一规定数量的人群承受某一规定伤害等级(例如，死亡)的频率。

一般来说，考虑个体风险反映了对建筑物内人员最低不可接受风险的需求。总体风险强调因某单一场景导致许多建筑物内人员可能处于风险之中，或企业作为一个整体也可能暴露在不可接受风险中。任何与建筑物内人员有关的决定都应同时考虑个体风险和总体风险。

另一种总体风险的度量方法是结合某一特定位置所有可能出现场景的后果与频率，用某个数表示，比如死亡人数“×”每年。这种“风险度量”方法(CCPS CPQRA 书中术语)有各种形式以及名目繁多的表达方式，比如“社会风险指标”(SRI)，“风险期望值”和“潜在生命损失”(PLL)。很少根据此风险衡量建立的风险可接受标准，然而，它常作为风险削减措施的相关决策依据。例如：

• 降低风险的优先措施——优先实施风险显著降低而花费成本最少的方案(比例关系优先)。

• 确定风险降低程度——当花费一定成本实施了降低风险的措施后，确定何时能使风险降低程度最大，而何时收效甚微。

RP-752 允许使用社会风险指标(SRI)方法。

9.2.2 其他风险类型

尽管上节所述方法长期以来最为常用，但一些企业采用对其运营更有价值的，相关但又不同的风险度量方法。其中可替代选项包括：

“个人风险”——某一特定人员(例如，John Smith)或工作岗位(例如装置 A 的现场操作工)的风险，该方法优点是计算风险已考虑，a)该个体只在一天的某时间段内工作(同理可得到最大的个人风险)，b)倒班期间，操作人员从一个地点转移至另一个地点。相反，个体在某个位置如建筑物内的风险(“个体风险”——仍是被广泛使用的风险标准基础)假设了人员在该位置全天候暴露。

个人风险的计算基于暴露时间分数的计算，或人员在给定位置停留的时间比例，即“停留时间分数”。

个体在每一位置的风险乘以停留时间分数，然后求和可得个体的总风险。

需注意，对一直在建筑物内停留的人员而言，其个人风险与该建筑物的最大个体风险相等。

“建筑物风险”——即建筑物达到特定破坏程度的风险(例如，无法恢复的损失)。这种破坏程度通常可以转换为建筑物内人员致死率，从而转换为其他风险度量值。因此对建筑物风险的计算是对个人风险计算的基础。

以上所述的风险度量方法均可作为制定风险管理标准的依据。

9.2.3 风险类型总结

每一种风险度量方法都有其优缺点，表 9.1 作了总结。

表 9.1 主要风险类型总结

风险类型	优　点	缺　点
建筑物地理位置风险(IR)	衡量建筑物风险，该风险不会因人员四处移动而改变。用与外部参照风险对比(例如：吸烟，车辆事故的风险)	与暴露人数无关。假设人员停留时间为24小时/天，反映了多种伤害对某一个人员的影响
最大IR	确认建筑物内暴露频率最高人员的风险水平	与暴露频率最高的人有关，与其他人无关
平均IR	某一位置的总体风险度量方法，用于与其他位置的风险比较	人员暴露程度较大时，可能失去意义
总体风险	与暴露人数有关。根据采用的度量类型，可能无法对个人提供明显的风险指标	

现场只有少量人停留的情况下(如，泵室)，采用个体风险度量可能比总体风险更合理。在另一种极端情况下，某一行政办公楼靠近工艺装置时，应评估总体风险。因此，个体风险评估和总体风险评估都是非常必要的。

风险降低策略也会对风险度量方法选择有影响。如果采用费效分析方法，那么选择总体风险作为风险指数更有利。无论如何，业主/运营商不会只采用一种风险度量类型，他们会选择多种并从每一种类型中获得利用价值。

9.3 风险计算

某一具体危害场景下某一给定的后果所对应的风险是人员伤亡率与后果发生频率(通常以“每年”为基础表示)之乘积。这取决于被计算的风险类型，其他因素，如“暴露因子”(个体停留时间分数)，以及建筑物被占用程度。则：

风险=频率(/年)×人员伤亡率×[其他因素]

某一给定危害场景的风险总量等于各单一危害后果所对应的风险总和，某操作单元或装置的风险总量又等于各单一危害场景的风险总和。

无论计算个体风险还是总体风险，原始输入相同；仅仅是输入组合方式不同。输入核心是所考虑场景范围内一系列后果/频率的成对组合。

风险计算示例如下。其他风险类型实例以及如何计算，请参考《Guidelines for Chemical Process Quantitative Risk Analysis》(CCPS，2000)第4章内容。现有很多风险计算的方法，每一种都可能被用到。以下举例并不是为规定某一特定场景的风险计算方法，也不是为了提供完整而详细的计算方法。

9.3.1 分析内容

如果采用逐一场景分析方法，那么风险评估过程可从识别装置的特殊场景开始。分析应包括：

- 识别出工艺装置中的有毒物料，可燃物和易燃物，以及物料处理的条件。还要识别出可导致爆炸的其他物料或工艺条件，如凝聚相爆炸，物理爆炸，或不可控化学反应。
- 识别引发事故的初始事件，包括有毒物料泄漏，爆炸或火灾。
- 识别出可能加剧或减缓事故场景的中间事件。
- 对每一个初始事件，通过与中间事件的不同组合，确定其不同的事故发展途径。
- 识别出影响工艺装置建筑物及其内部人员的可能场景后果的范围，包括不同事故发展途径所引发的爆炸和火灾。
- 预估初始事件频率，对可能发生的各种中间事件应用合理的条件概率(第8章)。

如果按照单元装置划分场景，那么得到的不同装置后果和后果发生概率的组合是相似的。这种情况下，场景范围限定于本单元内(例如：覆盖整个单元的蒸气云被引燃)，并结合类似场景的经验频率。

9.3.2 个体风险计算

建筑物内人员的个体风险计算应考虑后果发生频率和人员伤亡率；对个体风险计算，如"个人风险"，应考虑暴露时间最长的个体。结果就是用风险来描述预测后果(例如：重伤或死亡)的发生频率。

表9.2为某一含多个装置建筑物的单元风险计算表。

表9.2 个体风险计算

工艺单元	建筑物编号	事故频率	人员伤亡率	暴露时间分数	个体风险
U_1	B_1	f_1	$V_{1.1}$	T_1	$R_{1.1}$
U_1	B_2	f_1	$V_{1.2}$	T_2	$R_{1.2}$
U_1	B_3	f_1	$V_{1.3}$	T_3	$R_{1.3}$
U_2	B_1	f_2	$V_{2.1}$	T_1	$R_{2.1}$
U_2	B_2	f_2	$V_{2.2}$	T_2	$R_{2.2}$
U_2	B_3	f_2	$V_{2.3}$	T_3	$R_{2.3}$

U=单元；B=建筑物；f=频率；V=伤亡率；T=时间；R=风险

$$R_{1,1}=I_1V_{1,1}T_1 \tag{9-1}$$

式中 I_1——事故频率；

$V_{1,1}$——人员伤亡率；

T_1——暴露时间分数，计算公式为：每周小时数/168，最大暴露个体在 B_1 建筑物内。

这里，事故发生频率综合了以下因素，章节 8.1 中已有介绍。

- 初始泄漏频率；
- 泄漏量和泄漏位置的分布概率；
- 点燃概率(针对爆炸和火灾危害)；
- 气象条件(风向，大气稳定性)；
- 每一保护层失效概率；
- 某一具体后果的频率。

某一特定建筑物内暴露最多的个体总风险是各单元建筑物对该个体风险总和。例如：

$$R(1)=R_{1,1}+R_{2,1} \tag{9-2}$$

式中 $R(1)$——建筑物 B_1 内暴露最多个体的个体风险；

$R_{1,1}$——单元 U_1 内部分风险组成；

$R_{2,1}$——单元 U_2 内部分风险组成。

该实例介绍了如何计算最大个体风险，持续有人值守建筑物中个体风险计算时，暴露时间分数应取“1”。

9.3.3 总体风险计算

个体风险关注人员伤亡率。而总体风险关注暴露人数与伤亡率的乘积，这是与关注后果对应的语气人员数量。人员数量或建筑物人员占用程度通常是不恒定的。因此常用时间分数表示某一给定建筑物不同的占用程度。通常，不同情况应采用不同占用程度(例如：白天与晚上，交接班，正常和最大占用程度)。

表 9.3 为总体风险计算表。总体风险表示为相关场景所导致的每年 N 个人发生重伤或发生的概率(人数/年)。

表 9.3 总体风险计算

工艺单元	建筑物编号	事故频率	人员伤亡率	建筑物人员占用率	各占用率条件下总暴露时间分数	后果频率	重伤或死亡人数(后果)
U_1	B_1	I_1	V_{11}	M_{11} ⋮ M_{1n}	X_{11} ⋮ X_{1n}	f_{111} ⋮ f_{11n}	N_{111} ⋮ N_{11n}

续表

工艺单元	建筑物编号	事故频率	人员伤亡率	建筑物人员占用率	各占用率条件下总暴露时间分数	后果频率	重伤或死亡人数(后果)
U_1	B_2	I_1	V_{12}	M_{21} ⋮ M_{2n}	X_{21} ⋮ X_{2n}	f_{121} ⋮ f_{12n}	N_{121} ⋮ N_{12n}
U_1	B_3	I_1	V_{13}	M_{31} ⋮ M_{3n}	X_{31} ⋮ X_{3n}	f_{131} ⋮ f_{13n}	N_{131} ⋮ N_{13n}
U_2	B_1	I_2	V_{21}	M_{11} ⋮ M_{1n}	X_{11} ⋮ X_{1n}	f_{211} ⋮ f_{21n}	N_{211} ⋮ N_{21n}
U_2	B_2	I_2	V_{22}	M_{21} ⋮ M_{2n}	X_{21} ⋮ X_{2n}	f_{221} ⋮ f_{22n}	N_{221} ⋮ N_{22n}
U_2	B_3	I_2	V_{23}	M_{31} ⋮ M_{3n}	X_{31} ⋮ X_{3n}	f_{231} ⋮ f_{23n}	N_{231} ⋮ N_{23n}

在时间片段 k 内，场景 i 会对第 j 个建筑物造成影响的频率 $f_{i,j,k}$。公式如下：

$$f_{i,j,k}=I_i x_{j,k} \tag{9-3}$$

$N_{i,j,k}$，在时间片段 k 内，场景 i 导致第 j 个建筑物内死亡人数(或其他具体后果)，公式如下：

$$N_{i,j,k}=P_{i,j}M_{j,k} \tag{9-4}$$

式中 I_i——事故频率；

$P_{i,j}$——建筑物内人员伤亡率；

$M_{j,k}$——建筑物占用率；

$x_{j,k}$——各占用率条件下总时间 $M_{j,k}$；

i——场景标识 i；

j——第 j 个建筑物标识；

k——占用率情况标识 k。

表 9.3 将对应的频率和后果(某一具体事件的对应后果)的风险进行排序，最高风险的是导致死亡人数最多的场景。根据后果和频率的一一对应关系，可以绘制 $F-N$ 曲线。

频率都按降序排列并以此叠加，每一个 N 都对应一个累积的频率 F，这些频率会导致 N 个或更多人死亡(或业主/运营方规定的人数，该值又作为标准依据)，累积的频率/后果数据取对数后绘出坐标点，进而画出每一建筑物内人员的 $F-N$ 曲线。

建筑物总体风险可通过绘制 $F-N$ 曲线确定，而绘制 $F-N$ 曲线要用每一单元对建筑物造成潜在影响的场景所对应的频率与后果数据。

这种风险度量方法的价值在于它能提供不同影响水平的频率，也包括多种潜在后果的影响。

用于绘制 $F-N$ 曲线的数据都也可用于风险指数度量方法的相关计算。例如，以下是一个总体风险指数(又称潜在生命损失)的计算公式：

$$ARI = f_{i,j,k} \times N_{i,j,k} \tag{9-5}$$

9.3.4 案例

(1) 背景

某一大型工艺装置中央建有一个小餐厅，属无钢筋加固的砖石结构。该餐厅从周一至周五提供早餐和午餐。下表给出了该建筑物运作情况。从表中可以看出从早 6：00 至下午 3：00 出现三类用餐人员。

时　间　段	平均占用率	时间片段
上午 6：00~7：00	5	0.030
上午 7：00~9：00	45	0.060
上午 9：00~11：00	10	0.060
上午 11：00~下午 1：00	100	0.060
下午 1：00~5：00	7	0.118
下午 5：00~6：00	0	0.386
周末	0	0.286

按一年 52 周(8736h)计。

餐厅可能受三种不同工艺单元爆炸的影响。从某研究结果可查得相似装置的爆炸概率，分别为 2.3×10^{-4}/a，3.2×10^{-4}/a，9.1×10^{-4}/a。

(2) 方法

首先，计算出餐厅附近工艺单元爆炸参数。1、2、3 单元超压峰值分别约为 1.3psi(0.087Bar)，1.5psi(0.10Bar)，1.0psi(0.069Bar)。人员伤亡结果由预估建筑物损坏程度和以往类似建筑物同等损伤下的人员伤亡率历史记录确定。场景持续时间很长，因此超压峰值是建筑物损毁的控制性因素。

其次是确定建筑物损坏程度，并根据第 4 章、第 5 章介绍内容估算人员伤亡率。

① 计算最大个体风险

虽然已有类似装置的爆炸频率，仍需计算最大个体风险，即最大暴露程度的个体暴露时间。就餐人员一周五天，每天 9h，因此一周内暴露时间分数为$(9\times 5)/168=0.268$小时/每周。

表 9.4 是所有信息的分类汇总表。个体风险(最后一列)是前三列的乘积。

表 9.4　个体风险输入汇总表

工艺单元	建筑物	事故频率(次数/年)	人员伤亡率	出勤时间片断	个体风险
1	餐厅	2.3×10^{-4}	0.3	0.268	1.8×10^{-5}
2	餐厅	3.2×10^{-4}	0.6	0.268	5.1×10^{-5}
3	餐厅	9.1×10^{-4}	0.1	0.268	2.4×10^{-5}

三个工艺单元之中最大的个体风险是每一单元个体风险的总和：

$$最大个体风险=(1.8+5.1+2.4)\times10^{-5}=9.3\times10^{-5}/年$$

这是多个场景后果的个体总风险值。该企业规定个人风险上限是1.0×10^{-4}/年。虽然餐厅的个人风险接近上限，但仍然符合企业标准。除个人风险外，企业仍需考虑总体风险。餐厅可能满足或不满足企业的总体风险标准。

② 计算总体风险

计算总体风险所需数据，如表 9.5 所示。“事故频率”和“暴露时间分数”相乘得“后果频率”。“人员伤亡率”和“建筑物内人数”相乘得“受影响人数”。

表 9.5　总体风险输入数据

单元	事故频率	人员伤亡率	建筑物内人数	暴露时间分数	“F”后果频率	“N”受影响人数
1	2.3×10^{-4}	0.3	5	0.030	6.9×10^{-5}	1.5
	2.3×10^{-4}	0.3	45	0.060	1.4×10^{-5}	14
	2.3×10^{-4}	0.3	10	0.060	1.4×10^{-5}	3.0
	2.3×10^{-4}	0.3	100	0.060	1.4×10^{-5}	30
	2.3×10^{-4}	0.3	7	0.118	2.7×10^{-5}	2.1
2	3.2×10^{-4}	0.6	5	0.030	9.5×10^{-5}	3.0
	3.2×10^{-4}	0.6	45	0.060	1.9×10^{-5}	27
	3.2×10^{-4}	0.6	10	0.060	1.9×10^{-5}	6.0
	3.2×10^{-4}	0.6	100	0.060	1.9×10^{-5}	60
	3.2×10^{-4}	0.6	7	0.118	3.7×10^{-5}	4.2
3	9.1×10^{-4}	0.1	5	0.030	2.7×10^{-5}	0.5
	9.1×10^{-4}	0.1	45	0.060	5.7×10^{-5}	4.5
	9.1×10^{-4}	0.1	10	0.060	5.5×10^{-5}	1.0
	9.1×10^{-4}	0.1	100	0.060	5.5×10^{-5}	10
	9.1×10^{-4}	0.1	7	0.118	1.1×10^{-4}	0.7

根据表 9.5 中数据，可得伤亡人数和场景频率，根据计算结果可绘制 $F-N$ 曲线。

表 9.5 中成对出现的后果频率/影响人数，按后果严重性降序排列，表中第一行场景导致伤亡人数最多。后果频率依次降序累加，因而每一个 N 对应一个积累的后果频率 F，累积频率/伤亡人数取对数，从而绘出建筑物内人员 $F-N$ 曲线。

建筑物的总体风险可以通过绘制 $F-N$ 曲线确定，而 $F-N$ 曲线所需要数据包括所有工艺单元以及每一单元建筑物所有场景对应的频率和后果。

表 9.6 给出后果频率和死亡人数，并按影响严重程度降序排列。

表 9.6　$F-N$ 曲线输入数据

N(受影响人数)	f(后果频率)(次数/年)	F(累积后果频率)(次数/年)
60	1.9×10^{-5}	1.9×10^{-5}
30	1.4×10^{-5}	3.3×10^{-5}
27	1.9×10^{-5}	5.2×10^{-5}
14	1.4×10^{-5}	6.6×10^{-5}
10	5.5×10^{-5}	1.2×10^{-4}
6.0	1.9×10^{-5}	1.4×10^{-4}
4.5	5.5×10^{-5}	1.9×10^{-4}
4.2	3.7×10^{-5}	2.3×10^{-4}
3.0	$(0.95+1.4)\times10^{-5}$	2.5×10^{-4}
2.1	2.7×10^{-5}	2.8×10^{-4}
1.5	6.9×10^{-6}	2.9×10^{-4}
1.0	5.5×10^{-5}	3.4×10^{-4}

以死亡人数为横坐标，累积频率为纵坐标绘制 $F-N$ 曲线，如图 9.2 所示。

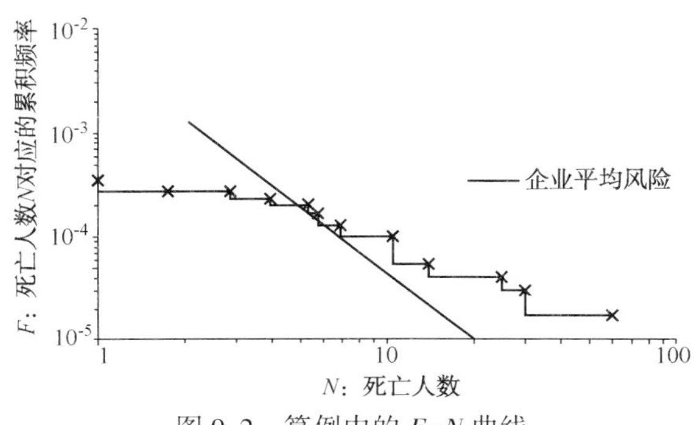

图 9.2　算例中的 $F-N$ 曲线

该企业已制定内部总体风险标准。该标准与图9.2所示餐厅用餐人员风险比较，由于 N 取值较大，计算出的风险曲线高于可承受标准的上限。

不难发现，餐厅的总体风险高于公司规定的风险水平。建议进一步分析，以确认导致风险较高的主要原因。

③ 超越概率曲线

超越概率曲线是用数学方法处理 $F-N$ 曲线。有人把 $F-N$ 曲线当成“超越概率曲线”，而这里对“超越曲线”的定义是用“N”表示物理影响(建筑物超压)而不是伤亡人数。该方法的目的是将个体风险水平控制在一个广泛可接受范围(如UK HSE定义，1989)内。然而该方法仍有明显缺陷，CIA 2010中提及这些缺陷。有关该方法更多内容请参考 Takke and Hanson，2003；ChamTerlain 2004以及CIA 2010。

为符合RP-752标准，可根据超越概率设置风险标准，并假定超越概率与人员伤亡率转化是可连续的。

④ 风险指标

上述例子中风险指标是各场景发生频率与预期伤亡人数的乘积。该参数值即为总体风险或潜在生命损失值(PLL)，如表9.7所示。

表9.7 风险指数(总体风险)计算

单元	事故频率	人员伤亡率	建筑物内人数	暴露时间分数	“F”后果频率(次数/年)	“N”受影响人数	死亡率(每年)
1	2.3×10^{-4}	0.3	5	0.030	6.9×10^{-5}	1.5	1.0×10^{-5}
	2.3×10^{-4}	0.3	45	0.060	1.4×10^{-5}	14	1.9×10^{-5}
	2.3×10^{-4}	0.3	10	0.060	1.4×10^{-5}	3.0	4.1×10^{-5}
	2.3×10^{-4}	0.3	100	0.060	1.4×10^{-5}	30	4.1×10^{-5}
	2.3×10^{-4}	0.3	7	0.118	2.7×10^{-5}	2.1	5.7×10^{-5}
2	3.2×10^{-4}	0.6	5	0.030	9.5×10^{-5}	3.0	2.8×10^{-5}
	3.2×10^{-4}	0.6	45	0.060	1.9×10^{-5}	27	5.1×10^{-5}
	3.2×10^{-4}	0.6	10	0.060	1.9×10^{-5}	6.0	1.1×10^{-5}
	3.2×10^{-4}	0.6	100	0.060	1.9×10^{-5}	60	1.1×10^{-5}
	3.2×10^{-4}	0.6	7	0.118	3.7×10^{-5}	4.2	1.6×10^{-5}
3	9.1×10^{-4}	0.1	5	0.030	2.7×10^{-5}	0.5	1.4×10^{-5}
	9.1×10^{-4}	0.1	45	0.060	5.7×10^{-5}	4.5	2.5×10^{-5}
	9.1×10^{-4}	0.1	10	0.060	5.5×10^{-5}	1.0	5.5×10^{-5}
	9.1×10^{-4}	0.1	100	0.060	5.5×10^{-5}	10	5.5×10^{-5}
	9.1×10^{-4}	0.1	7	0.118	1.1×10^{-4}	0.7	7.5×10^{-5}
PLL $=6.5\times10^{-3}$ 死亡率/年							

人员死亡率求和，可得餐厅内人员PLL为 6.5×10^{-3} 死亡率/年。大部分业

主/运营商并不采用 PLL 或其他风险度量方法，除非在考虑风险削减措施的经济性时，将其作为依据。

9.4 风险度量的说明与使用

本指南讨论的风险在认知水平下不论可容忍与否的范围内。英国卫生安全执行局(HSE，1992)定义为：

“可容忍不意味着可以接受。是指容忍风险存在的同时保证一定相关利益的某种意愿，前提是确信风险可以被适当地控制住。容忍某一风险并不意味着该风险微不足道或可以被忽视，而是需要不断识别风险，尽我们所能减少风险。”

推荐可承受风险标准已超出本书范围。况且风险可承受性具有企业特性，各企业应该制定能反映公司目的与目标以及所有适用法规的标准。制定标准的相关内容和例子在《Guidelines for Developing Quantitative Safety Risk Criteria》[CCPS，2009b]一书中介绍了有关概念和制定标准的范例。

进行任何风险分析应牢记，最佳的风险度量也仅是预估可能场景下的频率和后果。所有的风险度量都具有不确定性。某些情况下，不确定性尤为显著。在任何基于风险的决策流程中，应清醒意识到风险度量并不精确这一事实。《Guidelines for Chemical Process Quantitative Risk Analysis》[CCPS，2000]中章节 4.5 有风险决策过程不确定性的进一步讨论。

风险分析可以最有效地比较备选方案。在比较研究中，由于使用同样的方法论和假设条件，风险分析中的不确定性反而显得不那么重要了。风险分析若不用于备选方案比较，可受益于根据风险预评估而制定的标准和方法。

参见 4.6 节，如何从风险度量角度，确定风险“可容忍性”。

10 减灾方案及持续风险管理

如果永久性建筑物评估不满足评估要求(不管是基于后果、基于风险还是基于间距表)，则需要制定一个减灾方案，根据 API RP-752 标准，该方案应包含行动计划和进度计划。如果可移动建筑物评估不能满足公司的标准，可以将其移动，而不必采取其他减灾行动。

10.1 编制减灾方案

API RP-752 中建议减灾方案应包括具体的减灾措施和进度计划，所有内容应有完整记录。有关减灾方案应包含所有不满足业主/运营商关于爆炸、火灾、有毒物质泄漏标准的建筑物，也可为每一建筑物单独制定减灾方案。API RP-752 根据本质安全的原则为减灾措施划分了层次。

10.1.1 选择减灾措施

如企业建筑物评估不满足评估要求(无论是基于后果、还是基于风险，亦或是基于间距表)，业主/运营商应采取以下减灾措施：

- 消除危害。
- 迁移建筑物(如果可移动)。
- 弃用该建筑物，将人员转移至满足标准的建筑物。
- 选择并实施被动减灾措施，例如削减可引发风险的物料存量或对存在问题的建筑进行加固或者其他修正。
- 选择并实施主动减灾措施，例如安装额外的关断阀或报警系统；或者安装通风系统(HVAC)的隔离设施。

如设计合理，被动减灾措施有更高的成功概率，并且相比其他措施而言，被动减灾措施需要较少的维护。API RP-752 标准提供的减灾措施分类如表 10.1 所示。所有能够使建筑物满足评估标准的减灾措施都是值得考虑的。

有关被动、主动或者管理程序类的减灾措施详见表 10.1~表 10.4。

表 10.1 减灾措施的分类(RP-API，2009)

		措施举例
被动	消除危害	条件允许情况下使用无危害的材料或工艺条件
	防止泄漏(例如减少场景发生的频率)	提高设备的材料等级或设计标准； 减少泄漏源(减少法兰、排净、小口径管道等)； 提高设备的最大许用压力
	控制场景规模	减少泄漏区域的受限程度； 减少泄漏区域的设备密集状态； 利用围堰、防火堤等限制池火的扩散以及液体闪蒸池的气相扩散； 最小化释放量-限制流量(增加限流孔板或限制管道尺寸)，可以减少下游设备泄漏时的后果严重程度； 减小危险物料的存量(缩短火灾持续时间并减小气体扩散的影响范围)
	减小对建筑物内使用人员的影响	转移人员(特别是无关人员)； 设计或者升级已建建筑物，保护使用者免受爆炸、火灾和有毒有害物质的影响； 严格密封窗户、采用带有气闸的双扇门可以最大程度减小有毒有害、易燃气体和烟雾的进入
主动	防泄漏(例如减少场景发生频率)	安全仪表系统
	控制场景规模	火灾及气体紧急关断系统(减小泄漏量)； 固定式/自动式消防系统
	减小建筑物使用人员影响	使用人员配发个人防护器材(PPE)； 监测到有毒易燃气体时，紧急关断通风系统(HVAC)进气口
管理程序	防泄漏(例如减少场景发生频率)	机械完整性检验； 实施作业许可管理：动火作业、挂牌/上锁、管线切割、吊装作业等； 分析取样，防止反应活性物质被杂质污染
	控制场景规模	手动启动消防系统
	减小对建筑物内使用人员影响	合理的应急响应预案应包括：疏散、逃生路线，临时避难所等； 装置开车及计划停车期间，疏散建筑物内无关工作人员

表 10.2 被动型减灾措施

类型	RP-752 举例	讨论
排除危险	• 条件允许情况下使用无危害的物料或工艺与条件	在经济可行的情况下采用，通常能够降低风险，除非可能引入的新风险(危害)，变更管理 MOC 应考虑新引入的化学品、新的反应等带来的新危害
预防泄漏	• 提高设备材料等级及设计标准 • 减少泄漏源(减少法兰、排净、小口径管道等) • 提高设备最大许用压力 • 使用套管	使用 RTI 或者类似技术可量化评估设备材料等级等要求。通常倾向减少泄漏这一选项，但这可能受操作或维护要求的限制。如考虑这一选项，需谨慎考虑设备最大许用压力，因为设备具有较高压力等级，如果设备超压，等于制造了一个潜在的更大能量存贮源 套管和其他类似的方案可能会因为特殊损伤机理(比如外部损伤)而无效
控制场景规模	• 减少泄漏区域的受限程度 • 减少泄漏区域的设备密集状态 • 设置溢流围堰、防火堤等 • 减少泄漏量——增设流量限制 • 减少危险物料的存量	前两项可以有效降低潜在爆炸冲击波的影响(与设置更好的应急通道/紧急出口效果一样)。而在其他条件相同的情况下，一般会考虑如：设备间较大间距*，使用格栅楼板而不选用实体楼板等措施 围堰和防火堤不一定万无一失。因为大量的泄漏物很可能溢出(或冲出)围堰；更常见的是，围堰内的雨水排净阀处于打开状态，或围堰内的容量不足
减小对建筑物使用人员影响	• 转移人员 • 设计或升级已有建筑物以满足潜在的最大可置信事件(MCE) • 严格密封门窗防止有毒气体和烟气进入	仅仅将现场人员的时间简单地分配在不同的建筑物内，但与当前位置相比，其风险值相同甚至更高。这种所谓的风险削减策略是不允许的

*：尽管花费了额外费用，但管道长度的增加可能带来更高的泄漏频率。

表 10.3 主动型减灾措施

类型	RP-752 举例	讨论
预防泄漏	• 安全仪表系统	相关领域的专家应负责确定风险削减的频率
控制场景规模	• 火灾及气体探测与紧急关断系统 • 固定/自动式消防系统	这些系统的可靠性取决于是否执行了规定的维护和测试程序。系统设计应具备防灾能力，如避免消防设备在火灾中被摧毁或无法接近 系统设计与启动应该慎重地深思熟虑，并平衡各种风险因素，例如： • 自动和手动触发紧急系统：自动触发可导致误动作，进而引发危险和异常工况；而手动触发有可能反应不及时，从而无法实现其功能

续表

类　　型	RP-752 举例	讨　　论
控制场景规模	• 火灾及气体探测与紧急关断系统 • 固定/自动式消防系统	• 响应时间：操作人员应急响应的动作应进行切实的评估。否则即使下达指令，启动应急响应程序仍会导致其他问题(比如：位于喷淋区的一名操作人员恰好被淋湿)，操作人员执行应急响应之前，会花数秒甚至是数分钟进行现场确认 另外，系统执行动作也要花费时间，比如某一 HF 自动消防系统，需 5min 水才能有效控制火焰扩散范围
减小对建筑物使用人员影响	• 个人安全防护用品 • 检测到可燃有毒气体时自动关闭通风系统(HVAC)系统进气口	应严格管理个人防护用品的数量、演练和测试程序。第二种情况下，在有害气体存在的情况下监测是必要的。在暴露环境下，建筑物中可能留存部分有害气体。一旦周围环境恢复正常，尽快重新引入清新空气到建筑物里以置换其内部的有害气体

表 10.4　管理程序型减灾措施

类　　型	RP-752 举例	讨　　论
预防泄漏	• 机械完整性检验 • 动火作业，挂牌/上锁，管道切割，吊装作业等 • 分析采样成分，防止生成副反应物质	使用 RTI 或其他相关方法检验的好处是能够进行定量分析 作业许可制度应进行定期的监控和审核
控制场景规模	• 手动启动消防系统 • 对工艺区临近区域实行交通管制，可有效防止不必要的点火源和其他意外事故影响装置正常运行	消防系统的可靠性取决于是否执行了规定的维护和测试程序
减小对建筑物居民的影响	• 合理的应急响应预案包括：疏散，逃生路线，临时避难所等 • 装置开车及计划停车期间，疏散无关人员	开车和计划停车时，疏散非必要人员

需要注意的是，这些措施是建议而非强制性要求，因为每个企业最有效的减灾方法各不相同。另外，减灾措施不仅局限于该表中所罗列的内容；在某一特定场景下，其他措施可能更有效。相关文献中(CCPS 1997，Fthenakis 1993)有更详细的减灾策略的描述。

10.1.2　减灾时间表

API RP-752 并未规定一个完成实施减灾策略的时间框架。业主/运营商应制定一个类似于工艺危害分析 PHA 建议跟踪的落实减灾措施时间表，并持续跟踪减灾方案的实施情况。某些减灾措施可能要花几年才能完成，我们期望与工艺危害分析(PHA)的建议一样，减灾方案能够被迅速制定并且按期完成。

可将建筑物评估的后续措施整合到其他风险管理系统中，正如行业内常用于跟踪工艺危害分析 PHA、合规性审计或事故调查建议的系统。集成到现有系统可以确保一视同仁的对待建筑物风险减灾策略和其他风险。

应持续跟踪建筑物评估的方案执行，具体的解决方案应在之后的建筑物评估考虑。

10.1.3 临时措施

采取临时措施的过渡时期内(至减灾措施最终实施完毕)，风险很显著但暂时还能容忍。类似于临时变更管理，临时措施只在规定时间内起作用。见表 10.5。

表 10.5 临时风险管理措施必要性，场景举例

场　　景	永久性解决方案	可能的临时措施
房间不能承受预计的爆炸载荷	迁移至中央控制室实现远程遥控(完成时间 3 年)	(1) 当装置开停车时转移无关人员。 (2) 用配筋砌体封闭窗户。 (3) 将装置定检计划由将至的第二个大修周期改为至第一个大修周期
承包商会议及休息室离工艺区太近(爆炸和中毒风险)	将远离工艺区的空闲仓库改造成承包商用房(完成通风系统系统及通信系统升级需 4 个月)	(1) 将临时办公场所设置在偏远的地方，并与控制室之间增设通信设施，发生泄漏时，临时办公场所应能示警。 (2) 制定恶劣气象(如龙卷风等)紧急疏散计划
仓库建筑物设置开口数量多，无法防止有毒云团进入	安装快关门； 在潜在危险源和钢桶处理单元之间提供额外的有毒气体探测器，(实施期 8 个月)并用声音报警； 有毒物质泄漏时，提供现场遮蔽房间，该房间应有撤离通道并能避免有毒物质侵害	(1) 编制规定：当特殊装置开停车时，应关闭门窗，并准备额外的电风扇等，以确保操作人员的工作条件。 (2) 卡车装卸区的开敞式进出口，可以安装垂直橡胶带减小空气流量。 (3) 如有可能，应使用面向后方的卡车装卸区，并且不用的门应保持关闭
工艺区附近车辆流量密度高(潜在的点火源)和其他危害影响	制定交通管制规定：采用摆渡车辆运输人员通过现场，私人车辆禁行	(1) 禁止私人车辆通行，只允许设备运输和人员步行。 (2) 制定健康和极端天气情况下的处理措施和目标
化学品车间太靠近罐区(池火危险)	将化学品转移至新的地方(完成时间大约需 12 个月)	(1) 将停车场和建筑物进口设置在建筑物背朝罐区一侧。 (2) 更实际的做法是，将库存转移至更远的区域

10.2 建筑物修正因子

10.2.1 加强结构以防护爆炸危害

很多建筑物可通过加固或升级的办法增强抗爆能力。提高建筑物抗爆能力的方式包括加固现存的缺陷结构部件，或增加额外部件增加抗爆载荷能力。通常使用钢制加强筋对凸缘、弯梁、剪切力不足的网状结构等钢结构进行加固。而混凝土结构可以使用纤维外包装、额外的混凝土浇筑或喷涂进行加固。其他的升级措施还包括增加支撑结构并减少管道无支撑跨距，增加防护墙而增加抵抗力，使用双头螺栓连接墙体与屋顶和楼板，使用交叉的墙体布置，提高整个结构的完整性，使用防爆材料更换或强化门窗。

美国联邦应急管理署已经发布了 FEMA426 号文(2003 年)：参考手册——减少针对建筑物潜在的恐怖袭击(FEMA 2003)，以及 FEMA453 号文(2006 年)：安全屋及避难所——保护人员抵御恐怖袭击。虽然这些文件主要针对恐怖袭击，但其涉及的很多技术和方法可直接适用于工业安全危害的防护，以保护建筑物内的工作人员。

为了保护建筑物抵御不同类型的爆炸，可在爆炸源与建筑物之间设置抗爆墙或隔离墙。隔离墙对抵御压力容器爆炸、沸腾液体蒸气云爆炸 BLEVE 和聚合反应爆炸非常有效，其优势在于防护爆炸碎片对建筑物的损伤。隔离墙的位置离爆炸源越近，效果越好，距离较近的隔离墙可以在弹道初期隔绝爆炸碎片。而抗爆墙用于保护建筑物免受爆炸超压的破坏，必须靠近受保护建筑物才会有效。如果加大防爆墙与建筑物之间的距离，爆炸超压和冲击波在跨过和绕过防爆墙后能够恢复到相当的能量等级，这相当于没有设置防爆墙，或在没有防爆墙的几何空间内超过了爆炸载荷。大多数情况下，抗爆墙的安装费用昂贵且不易实施。

针对已建建筑物特别是小型的建筑物，有另一个抵御爆炸的方法，即把它封入一个独立的、防爆的封闭建筑结构内。该建筑结构的设计应考虑爆炸场景造成的大尺寸形变，以确保留有足够的间隔空间，从而避免对需保护建筑物造成附带伤害。

砖石墙体可以靠增加从地面地板贯穿到屋顶的钢管进行加固。这种加固升级需要立柱承担垂直负荷，而砖石只在立柱间产生水平位移。立柱与墙体以及它们之间附属物的响应特性需要谨慎考虑。这种加固形式的实例可以参见图 10.1。其他墙体与门窗框架加固的实例参见图 10.2 和图 10.3。

图 10.1　在砖石墙体的外部增加钢柱

图 10.2　内侧增加钢结构的加固门

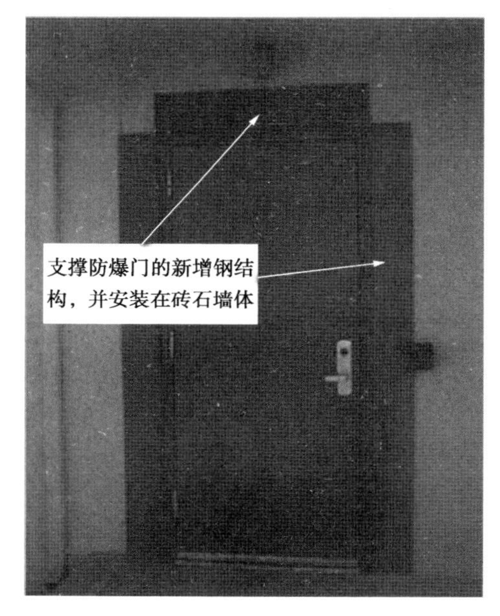

图 10.3　在门周围增加钢结构保护砖石墙体

预制金属建筑物可以通过增加新的墙体横梁进行加固，加固后框架结构实例见图 10.4。同样，屋顶也可以增加屋面檩条进行加固，详见图 10.5。通过缩短跨度，新增横梁和檩条有利于强化墙板，并通过减少每一支撑结构的载荷面积，减轻了原有横梁和檩条的负荷和位移。

10.2.2　结构修正以防护火灾危害

可能有一个或多个原因导致建筑物不满足火灾危害可接受标准，以下举例说明可能的原因及对应的结构修正方案：

图 10.4　预制金属建筑物内新增加的横梁和框架构件

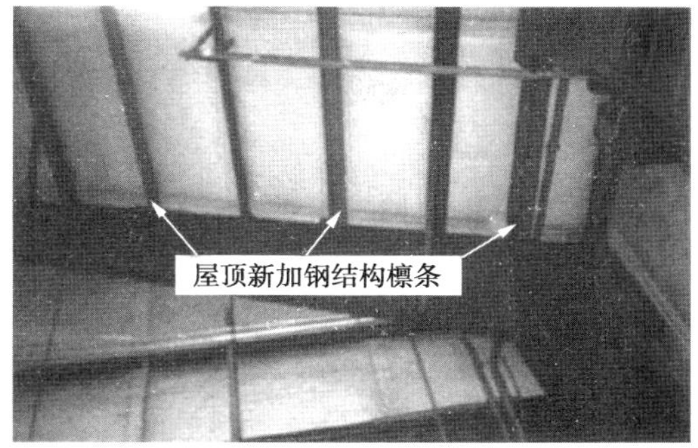

图 10.5　原有檩条安装新的屋顶檩条

- 如果温度超过了建筑物的承受标准，可以通过增加防火涂层、隔热材料或喷淋系统以降低温度。注意这种方案仅适用于金属结构的建构筑物，特别是像防爆舱(BRM)这样的建筑物。
- 如喷射火威胁到建筑物，可以安装隔离墙以阻挡火焰到达建筑物，或者是新增隔热设施降低建筑物的热负荷。
- 增设其他的防护出口通道。

如火灾危害(或风险)不能满足业主/运营商的标准，可以批准使用其他的应对措施。英国化工协会发布了一个有用的工艺装置建筑物设计导则(CIA，2010)，在众多的考虑中，他们讨论后对减轻火灾隐患提出以下建议：

- 使用防火堤减小池火尺寸，减小火势。
- 增加建筑物与危险源的间距。
- 给建筑物增设绝热板来增加持火能力。
- 取消窗户，或者安装耐热窗户；永久性的封闭面向火灾危险源的窗户。
- 喷涂建筑物墙体，增强其耐火性能。
- 门上安装烟雾密封装置，且安全门可以自动关闭。

10.2.3　结构修正以降低毒性危害

如建筑物未满足业主对于毒性危害可接受标准，可使用以下修正方案：

- 安装带有较低渗透率的门窗，或在入口增设增压的双重门。增压室空气压力高于外部大气，但是低于建筑物内部压力。所以当某人打开外门时，有毒物质会被增压室内高压气体挡在外部。一旦外门关闭，增压室联通建筑物的内门打开，建筑物内清洁空气就会自动扩散至增压室内。
- 提高的空气进风口高度。
- 设置一个带有过滤器空气进风口。

• 将建筑物内的局部空间改造成室内避难所(一个隔离的安全空间使用)。

第3章中有关美国联邦应急管理署发布的FEMA 453号文件(2006年),给出了用以降低建筑物内工作人员毒性风险的安全屋设计和管理导则。虽然美国联邦应急管理署导则制定目的不同,且不必满足API RP-752,但其中有很多建议可被采纳,或用于API RP-752中的建筑物毒性危害管理。

英国化工协会同样发布了一个有用的工艺装置建筑物防毒设计导则(CIA,2010),导则认为建筑物毒性防护设计中必不可少的内容包括:

• 门窗必须有足够的密封并能关闭严密。

• 门必须能自己恢复至关闭位置且在门四周所有地方使用非收缩性的密封材料(不会收缩、不产生裂缝)。

• 门窗的框架必须具有抗收缩特性,并且在四边边框使用非硬化的胶黏密封剂。

• 如果毒性风险导致一个不可接受的灾难性事故,则门窗必须能够抵御由压力源释放的毒性气体所导致的超压。

• 建筑物上贯穿性的电缆和管道必须封闭。

• 管道地沟(如水、气、电力)、地下室或强制通风孔/电缆管道必须密封。

• 空心砖和其他在事故中不能有效密封可能贯穿形成通风的部件,必须避免使用。

• 必须消除墙体与天花板连接处的气体泄漏通道。需特别注意安装了装饰天花板或吊顶的位置。

• 有毒物质避难所和屋顶空间之间的开放空间必须密闭。

• 楼板结构(特别是临时建筑物内)必须密闭,用来防止有毒气体进入。

• 所有的水泥灰浆缝必须严实,特别在门楣以及有穿墙的防雨板位置。

• 在预制装饰板、内墙以及天花板的连接处,必须使用非硬化密封胶黏剂或缝合方式进行密封。

CIA导则(2010年)中给出了其他专业建议,避难场所应根据人员数量提供足够的空间和呼吸空气(大约每人每分钟消耗0.06m^3)。

11 建筑物评估的工作流程

11.1 变更管理

变更管理体系中应涉及相关内容以指导建筑物的再次评估与报告更新，从而确保符合业主/运营方的风险可接受标准。与爆炸火灾及有毒物质泄漏相关的变更、建筑物保护措施的变更，以及建筑物的用途变化都应纳入变更管理(MOC)的范畴。这些永久或临时的变更均会影响在变更管理(MOC)中应采取的措施。如(包括但不仅限于)：

- 装置操作以及工艺或设备的变更(包括停用设备和新增设备)，进而引起建筑物所在位置的火灾、爆炸或中毒影响严重程度的变化。
- 为装置区域增加新建筑物。
- 增加建筑物或对现有建筑物进行改建，可能导致火灾、爆炸或中毒后果严重程度的变化。
- 建筑物的使用状态变动化，从“无人”到“有人”。
- 永久的或既定时段内，建筑物内人数或使用时间增加。

永久性变更管理，必须要进行审核建筑物评估。如变更是在特定时段内的临时变更，则应采取恰当的临时风险削减措施。

在一个健全的变更管理流程中，设施选址变更应及时更新文档。良好的文档管理将有助于设施选址方案的定期审核，这类似于工艺过程安全管理中工艺危害分析的管理要求。

11.1.1 建筑物用途的管理

业主/运营方在管理建筑物用途时遇到的常见问题参见表11.1。

表11.1 意外风险增加的案例

场　景	潜在问题	潜在解决方案
新雇佣人员或人员工作位置变动所增加的风险	未经安全主管允许，员工从低(无)风险工作位置调至高风险工作位置	在变更管理流程中制定人员工作位置变动的变更管理程序

续表

场　　景	潜在问题	潜在解决方案
仅对当前使用的建筑物进行评估	无人建筑物在评估中没有考虑，因此在日后启用该建筑时，可能仍被视为“安全”	同上，评估应包括所有建构筑物，即使是无人建筑物
评估时仅考虑对建筑物周边的危害	远距离的装置仍然可能对建筑物构成危害(例如：罐区)，如果依据不充分的评估报告进行建筑物选址，则可能将该区域视为安全的	同第一个场景的解决方案，评估中应包含远距离的危害在内的所有危害
承包商车辆等停留在装置区附近等待下一次大修，如 API RP-753 所描述	在装置停车前，承包商人员的增加，将导致风险高于业主/运营商风险可接受标准	在装置未安全停车前，不允许承包商人员占用、聚集
将操作工的现场休息室(安全屋)移至远离装置的其他位置	可能会减小工艺安全事故的直接风险，但可能会带来其他风险，如： 从现场休息室(安全屋)步行到装置区的伤害风险(车辆或其他方式)； 操作人员的响应时间增长，可能导致事件升级	通过定性或定量的风险分析确定最佳的现场休息室(安全屋)位置 识别需要操作人员进行现场处置的关键异常工况。 评估这些关键异常工况的响应时间及危害可能的升级程度。针对最大可置信事件(MCEs)中的预期损坏程度，优化选址

11.2　文档要求

11.2.1　建筑物评估工作流程

建筑物评估的工作流程提供了一个有效的工作框架及文档要求。建筑物评估工作流程的主要步骤及各步骤的文档要求在 API RP-752 中有明确说明，具体包括：

- 建筑物评估流程——描述了建筑物评估的完整流程。
- 评估方法——说明评估方法(基于后果的评估、基于风险的评估，或者是间距表方法)。API RP-752 并不特别倾向于某一种评估方法，因此文档中不需要论证采用何种方法，只需清楚说明所采用的方法。需注意的是，间距表法仅适用于火灾危害的评估。
- 场景选择的依据——说明如何选择场景，如何借鉴了以往的行业经验。如果使用基于后果的方法，应说明如何选择最大可置信事件 MCE。
- 分析方法——说明火灾、爆炸和毒性扩散后果的分析方法。

- 分析方法的适用性——阐述所选分析方法在选定场景中的适用性。
- 数据来源——记录分析所采用的数据来源，尽管 API RP-752 中没有要求，但说明数据来源可以确保所使用的数据适用于当前及将来的实际工况。
- 数据来源的适用性——说明所使用的数据(如：操作温度或失效概率)对选定场景的适用性。
- 建筑物评估的评估标准——说明业主/运营商的评估标准。
- 分析结果——描述哪些建筑物满足评估标准，哪些不满足标准。不满足评估标准的建筑物，应编制单独的减灾计划。

11.2.2 减灾计划

第 10 章探讨了如何编制减灾计划，减灾计划应及时更新。通常有多种方案可以供考虑，方案本身也需要进一步评估比对。例如：业主、运营商会对比改造现有建筑物抗爆能力或新建建筑物的成本。实施减灾计划可能会持续很长的时间，例如在项目中，需对不同的减灾措施进行进一步的工程分析，这一工程分析则应纳入减灾计划中，作为具体任务，并明确规定完成时间。工程分析所选的减灾措施可能会改变减灾计划中的任务和完成时间，在这种情况下应更新减灾计划，并将计划变更的原因记录在案。

11.3 减灾设施性能标准的文档要求

适用于各类危害的建筑设计标准应成为建筑选址评估文档的组成部分。标准可进一步发展为减灾系统的建筑物结构和设备的相关技术指标。例如：为了避免有毒物质进入的标准可能是每小时的换气能力，该标准可能用于接头、穿孔和门窗的密封。

主动防护系统的维护和监控贯穿系统的整个生命周期之内，因此还需额外的性能规范文档，以确保其防护等级达到预期水平。主动防护系统包括通风系统、气体检测和安全仪表系统等。该规范文档应能够验证主动防护系统的安装、有效性和以及在建筑物生命周期被的完整性。

类似于设备的测试、检验和变更管理，建筑物也应针对其设计要求进行定期检验、测试并实施变更管理。

11.3.1 减灾措施的文档要求

减灾措施在建筑物评估结束之后实施。因此建筑物评估文档中通常不涉及减灾措施。记录减灾措施的文档所能够证明风险已经得到削减。这些文档也为业主或运营商提供了持续监控减灾措施的基础。

记录减灾措施的文档包括：

- 已考虑的减灾措施;
- 选择这些减灾措施的原因;
- 减灾系统性能标准;
- 维修要求;
- 减灾措施正确安装与实施的验证。

减灾系统在运行期间性能一直能够满足要求的验证。

11.4 保持文档及时更新

如果所有的建筑物评估满足业主的标准，除章节 11.2 中所罗列的文件外不再需要其他文档。但如第 10 章所述，持续的跟踪和有效维护依然必不可少，包括建筑物的人员数量管理和用途变更管理。跟踪和维护文档的例子包括:

- 对无人值守建筑物的定期检查记录，确保其没有人员占用。
- 建筑物中用于风险削减设施的安装记录，例如空气过滤系统或防爆门。
- 通风系统的控制器和控制有毒气体传感器的维护记录。
- 生产区域附近建筑物内人员增加的变更管理文档。
- 有人建筑物扩容的选址评估。
- 承包商在电气间(MCC)工作几周修改电气设备引起人员数量变化时的临时变更管理。
- 管理评估是风险减灾计划的一部分，以证明风险管控措施到位、管理有效、最新的执行程序进行了有效的培训。如紧急疏散计划是管控有毒和火灾危害的一个能力证明。

参考文献

AASHTO(American Association of State Highway and Transportation Officials), *Manual for Bridge Evaluation*, *1st Edition*, *with* 2010 *Interim Revisions*, AASHTO, 2010

AIChE, (American Institute of Chemical Engineers), *Dew's Fire & Explosion Index Hazard Classification Guide*, *7th Ed.*, Center for Chemical Process Safety, New York. ISBN 0-8169-0623-8, 1994.

AIHA American Industrial Hygiene Association, "2009 ERPG Update Set," ISBN 978-1-935082-08-0.

API, (American Petroleum Institute), *Fireproofing Practices in Petroleum and Petrochemical Processing Plants*, API Publication 2218, 2nd Ed., American Petroleum Institute, August 1999.

API(American Petroleum Institute), *Risk-Based Inspection Base Resource Document*, API Publication 581, 1st Ed. API Publishing Services, American Petroleum Institute, Washington, 2000.

API(American Petroleum Institute) *Risk-based Inspection*, *API Recommended Practice* 580, 1st Ed. API Publishing Services, American Petroleum Institute, Washington, 2002.

API(American Petroleum Institute) *Facility Siting*, *API Recommended Practice* 752," 2nd Ed. (American Petroleum Institute, Nov 2003.

API(American Petroleum Institute), *Management of Hazards Associated with Location of Process Plant Portable Buildings*," *API Recommended Practice* 753, First Edition, Washington, D. C., June 2007.

API(American Petroleum Institute), *Management of Hazards Associated with Location of Process Plant Permanent Buildings*, *API Recommended Practice* 752, 3rd Edition, Washington, D. C., December 2009.

API(American Petroleum Institute), *Process Safety Performance Indicators for the Refining and Petrochemical Industries*, *ANSI/API Recommended Practice* 754, First Edition, April 2010.

ASCE(American Society of Civil Engineers), *Structural Design for Physical Security*, Reston, VA, ISBN 0-7844-0457-7, 1999.

ASCE(American Society of Civil Engineers), *Design of Blast Resistant Buildings in Petrochemical Facilities*, 2nd Ed, Reston, VA. ISBN 978-0-7844-1088-2,

2010.

Ashe, B. S. W. and P. J. Rew. "Effects of flash fires on building occupants," HSE Research Report 084. Health and Safety Executive. 2003.

ASME(American Society of Mechanical Engineers), *Welded and Seamless Wrought Steep Pipe*, *ASME/ANSI Standard B*36. 10*M*, New York, NY, 2004.

Baker, Q. A., et al., "Explosion Risk and Structural Damage Assessment Code (ERASDAC)," 30th DoD Explosive Safety Seminar, Department of Defense Explosive Safety Board, Arlington, VA, 2002.

Bakke, J. R. and O. R. Hansen, "Probabilistic analysis of gas explosion loads," FABIG newsletter, Issue No. 34, January, 2003.

Biggs, J. D., *Introduction to Structural Dynamics*, McGraw-Hill Publishing Company, New York, 1964.

Bloch, H. P. and F. K. Geitner, *An Introduction to Machinery Reliability Assessment*, 2nd Ed., Van Nostrand Reinhold, 1994.

CCPS(Center for Chemical Process Safety), *Guidelines for Use of Vapor Cloud Dispersion Models*, New York: American Institute of Chemical Engineers, 1987.

CCPS(Center for Chemical Process Safety), *Guidelines for Vapor Release Mitigation*, New York: American Institute of Chemical Engineers, 1988.

CCPS(Center for Chemical Process Safety), *Guidelines for Technical Management of Chemical Process Safety*, New York: American Institute of Chemical Engineers, 1989a.

CCPS(Center for Chemical Process Safety), *Guidelines for Process Equipment Reliability Data*, *with Data Tables*, American Institute of Chemical Engineers, 1989b.

CCPS(Center for Chemical Process Safety), *Tools for Making Acute Risk Decisions with Chemical Process Safety Applications*, American Institute of Chemical Engineers, ISBN 978-0-8169-0557-7, New York, 1994a CCPS(Center for Chemical Process Safety), "*Guidelines for Preventing Human Error in Process Safety*," American Institute of Chemical Engineers, New York. 1994b.

CCPS(Center for Chemical Process Safety). *Guidelines for Chemical Transportation Risk Analysis*. American Institute of Chemical Engineers, New York. ISBN 0-8169-0626-2, 1995a.

CCPS(Center for Chemical Process Safety), *Guidelines for Chemical Reactivity Evaluation and Application to Process Design*, New York: American Institute of Chemical Engineers, ISBN 978-0816904792, 1995b.

CCPS(Center for Chemical Process Safety), *Guidelines for Postrelease Mitigation Technology in the Chemical Process Industry*. American Institute of Chemical Engineers, New York. ISBN 0-8169-0588-6, 1997.

CCPS(Center for Chemical Process Safety). *Guidelines for Improving Plant Reliability through Data Collection and Analysis*. American Institute of Chemical Engineers, New York. ISBN 0-8169-0751-X, 1998.

CCPS(Center for Chemical Process Safety), *Guidelines for Chemical Process Quantitative Risk Analysis*, *2nd Ed*. American Institute of Chemical Engineers, New York. ISBN 0-8169-0720-X, 2000.

CCPS(Center for Chemical Process Safety). *Layer of Protection Analysis-Simplified Process Risk Assessment*. American Institute of Chemical Engineers, New York. ISBN 0-8169-0811-7, 2001.

CCPS(Center for Chemical Process Safety). *Guidelines for Facility Siting and Layout*. American Institute of Chemical Engineers, New York. ISBN 0-8169-0899-0, 2003a.

CCPS(Center for Chemical Process Safety), *Guidelines for Fire Protection in Chemical, Petrochemical and Hydrocarbon Processing Facilities*. American Institute of Chemical Engineers, New York. ISBN 0-8169-0898-2, 2003b.

CCPS(Center for Chemical Process Safety), *Guidelines for Risk Based Process Safety*, American Institute of Chemical Engineers, New York. 2007.

CCPS(Center for Chemical Process Safety), *Process Safety Leading and Lagging Metrics*, American Institute of Chemical Engineers, New York. 2008a.

CCPS(Center for Chemical Process Safety), *Guidelines for Hazard Evaluation Procedures*, Third Edition. New York: American Institute of Chemical Engineers, 2008b.

CCPS(Center for Chemical Process Safety), *Continuous Monitoring for Hazardous Material Releases*, American Institute of Chemical Engineers, New York. ISBN 978-0-470-14890-7, 2009a.

CCPS(Center for Chemical Process Safety), *Guidelines for Developing Quantitative Safety Risk Criteria*. American Institute of Chemical Engineers, New York. ISBN 978-0-470-26140-8, 2009b.

CCPS(Center for Chemical Process Safety), *Guidelines for Vapor Cloud Explosion, Pressure Vessel Burst, BLEVE and Flash Fire Hazards*, 2nd Edition, American Institute of Chemical Engineers, New York. ISBN: 978-0-470-25147-8, 2010.

CCPS(Center for Chemical Process Safety). *Evaluating Probabilities of Ignition Following Process Plant Releases*[*tentative title*]. American Institute of Chemical Engineers, New York, 2012.

Chamberlain, "A Methodology for Managing Explosion Risks in Refineries and Petrochemical Plants," presented at the AIChE 38th Loss Prevention Symposium, New Orleans, 2004.

CIA(Chemical Industries Association), *Guidance for the location and design of occupied buildings on chemical manufacturing sites*, Chemical Industries Association, London, 2010.

CMA(Chemical Manufacturers Association), Responsible Care® Program, http://responsiblecare.americanchemistry.com/Washington, DC, 2010.

Considine, M. and S. M. Hall, "The major accident risk (MAR) process-developing the profile of major accident risk for a large multinational oil company," Process Safety and Environmental Protection, 87(2009), 59-63.

Construction Industries Institute, *PIP STC* 01018-*Blast Resistant Building Design Criteria*,, Austin, Texas, 2006.

Cowley, L. T. and A. D. Johnson, *Oil and Gas Fires: Characteristics and Impact*, HSE Publication OTI 92 596, 1992(a).

Cowley, L. T., *Behaviour of Oil and Gas Fires in the Presence of Confinement and Obstacles*, HSE Publication OTI 92 597, 1992(b).

Cowley, L. T., *Current Fire Research: Experimental, Theoretical and Predictive Modeling Resources*, HSE Publication OTI 92 598, 1992(c).

Cox, A. W. et al., "Classification of Hazardous Locations," IChemE, 1990.

CSB(U. S. Chemical Safety and Hazard Investigation Board), "Hazard Investigation: Improving Reactive Hazard Management," CSB Report No. 2001 - 01 - H, NTIS No. PB2002-108795, Washington, D. C. (December 2002).

CSB(U. S. Chemical Safety and Hazard Investigation Board), "Investigation Report of Refinery Explosion and Fire, BP Texas City, Texas" CSB Report No. 2005-04-I-TX, March 2007.

Davenport, John A. "Hazards and Protection of Pressure Storage of Liquefied Petroleum Gases," Paper presented at the 5th International Symposium Loss Prevention and Safety Promotion in the Process Industries, September 15 - 19, 1986, Cannes, France. 1986.

DDESB, (Department of Defense Explosive Safety Board) Technical Paper 14, "Approved Methods and Algorithms for DOD Risk-Based Explosives Siting,"2009.

DIERS (Design Institute for Emergency Relief Systems), *Emergency Relief Systems Using DIERS Technology*, American Institute of Chemical Engineers. New York: 1992.

DiMattia, D. G., F. I. Khan and PR. Amyotte, "Determination of human error probabilities for offshore platform musters," J. Loss Prev. Proc. Ind., 18(2005), 488-501.

EGIG(European Gas Pipeline Incident Data Group), "Gas Pipeline Incidents-7th Report of the EGIG 1970-2007," Doc. Number EGIG 08. TV-B. 0502, December 2008.

Embrey, D. E. et al., "SLIM - MAUD, An Approach to Assessing Human Error Probabilities Using Structured Expert Judgment, Vols I and II, NUREG/CR -

3518," U. S. Nuclear Regulatory Commission, 1984.

EPA(Environmental Protection Agency), *Risk Management Program Guidance for Off Site Consequence Analysis*, EPA 550-B-99-009, Washington D. C., 1999.

E&P Forum, "Risk Assessment Data Directory," E&P Forum, 1996.

Factory Mutual, *Spacing of Facilities in Outdoor Chemical Plants*, Factory Mutual 7-44, Norwood, MA, 1996.

Factory Mutual, *Property Loss Prevention Data Sheets*, 7-0 *Causes and Effects of Fire and Explosions*, 2006.

Factory Mutual, *Property Loss Prevention Data Sheets*, 7-32 *Flammable Liquid Operations*, 2008.

Famini, G., Roszell, L., and Gooding, R., "Chemical Infrastructure Risk Assessment," presented at CCPS Technical Steering Committee, Tampa, Florida, April, 2009.

FEMA, (Federal Emergency Management Agency), *Handbook of Chemical Hazard Analysis Procedures*, ca 1989.

FEMA(Federal Emergency Management Agency), FEMA 426-*Reference Manual to Mitigate Potential Terrorist Attacks Against Buildings*, Washington, D. C., 2003.

FEMA(Federal Emergency Management Agency), FEMA 453-"*Safe Rooms and Shelters Protecting People Against Terrorist Attacks*," Washington, D. C., 2006.

Flemish Government, LNE Department, *Handbook Failure Frequencies for drawing up a Safety Report*. 5/5/09.

Fthenakis, V. M. (Ed.). *Prevention and Control of Accidental Releases of Hazardous Gases*. Van Nostrand Reinhold, New York. ISBN 0-442-00489-3, 1993.

Garrison, W. G. (ed.) 100 *Large Losses: A Thirty-Year Review of Property Damage Losses in the Hydrocarbon-Chemical Industries*. Eleventh Edition. Marsh & McLennan Protection Consultants, 1988.

Gelman, A., et al., *Bayesian Data Analysis*, 2nd ed, Chapman & Hall/CRC, ISBN 1-58488-388-X, 2004.

Gertman, D., Blackman, H., Marble, J., Byers, J. and Smith, C. *The SPAR-H Human Reliability Analysis Method*. NUREG/CR-6883. Idaho National Laboratory, prepared for U. S. Nuclear Regulatory Commission, 2005.

Hagar, R., "Most Norco Units Shut Down in Wake of Blast," Oil & Gas Journal: 32, May 16, 1988.

HCRD(Hydrocarbon Releases Database), https://www.hse.gov.uk/hcr3/, (referenced 2009).

Heller, S. I., "Overview of Major Incidents," Paper presented at the NPRA National

Safety Conference, May 1993, Houston, TX. 1993.

HSE, "The Flixborough Disaster: Report of the Court of Inquiry," Health and Safety Executive HMSO, ISBN 0113610750, 1975.

HSE, Health and Safety Executive, "Risk Criteria for landuse planning in the vicinity of major industrial hazards." Health and Safety Executive, HMSO. London, 1989.

HSE, Health and Safety Executive, *The tolerability of risks from nuclear power stations*, ISBN 0 11 886368 1, HSE Books, 1992.

HSE, Health and Safety Executive, *The Fire at Hickson & Welch Limited: A report of the investigation by the Health and Safety Executive into the fatal fire atHickson & Welch Limited*, Castleford on 21 September 1992, ISBN 0 71 760 702 X, HSE Books, 1994.

HSE, "Reducing Risks, Protecting People-HSE's Decision-making Process," Her Majesty's Stationery Office, London, 2001.

HSE, Health and Safety Executive http://www.hse.gov.uk/offshore/strategy/jet.htm#Background, 2010a.

HSE, Health and Safety Executive, "Failure Rate and Event Data for use within Land Use Planning Risk Assessments," (FRED), http://www.hse.gov.uk/landuseplanning/failure-rates.pdf, 2010b.

HSE, Health and Safety Executive, http://www.hse.gov.uk/hid/haztox.htm (referenced August 2011).

IEEE, (Institute of Electrical and Electronics Engineers) "IEEE Std 500-1984," The Institute of Electrical and Electronics Engineers, Inc., 1983.

ICI (Imperial Chemical Industries PLC), Explosion Hazards Section, Technical Department. *The Mond Index: How to identify, assess and minimise potential hazards on chemical plant units for new and existing processes*. Second Edition. Winnington, Northwich Cheshire. 1985.

IRI, (Industrial Risk Insurers) "Plant Layout and Spacing for Oil and Chemical Plants," IR Information IM. 2. 5. 2, Hartford, CT, 1991.

Keifner, J. F. et al., "Analysis of DOT Reportable Incidents for Hazardous Liquid Pipelines, 1986 through 1996," API Publications 1158.

Lenoir, Eric M., and John A. Davenport. "A Survey of Vapor Cloud Explosions: Second Update," Process Safety Progress 12, No. 1. January 1993.

Lyons, D., on behalf of CONCAWE Oil Pipelines Management Group, "Western European Cross-Country Oil Pipelines 25-Year Performance Statistics," 1998.

Mannan, S., "Lees' Loss Prevention in the Process Industries, 3rd Ed.," Elsevier

Butterworth-Heinemann, 2005.
Marsh, Large Property Damage Losses in the Hydrocarbon-Chemical Industries: A Thirty-year Review, 2009.
Marshall, V. C., "The Siting and Protection of Buildings in Hazardous Areas," Major Chemical Hazards: pp. 462-488. Sussex, England: Ellis Horwood Limited. 1987.
Mogford, J., Fatal Accident Investigation Report, Isomerization Unit Explosion, Texas City Accident, BP Public Release Final Report, December 9, 2005.
Moosemiller, M. D., *Development of Algorithms for Predicting Ignition Probabilities and Explosion Frequencies*, Process Safety Progress, June 2010.
Muhlbauer, W. K., "Pipeline Risk Management Manual, 2nd Ed.," Gulf Professional Publishing, 1999.

NFPA(National Fire Protection Association), "Recommended Practice for Protection of Buildings from Exterior Fire Exposures," NFPA 80A, National Fire Protection Association. Quincy, MA, 2007.
NFPA(National Fire Protection Association), "Flammable and Combustible Liquids Code," ANSI/NFPA 30: prepared in conjunction with the American National Standards Institute. Quincy, MA, 2008.
NFPA(National Fire Protection Association), "Standard for the Production, Storage and Handling of Liquefied Natural Gases," NFPA 59A, National Fire Protection Association. Quincy, MA, 2009.
NIOSH(National Institute for Occupational Safety and Health), NTIS Publication No. PB-94-195047, http://www.cdc.gov/niosh/idlh/idlhintr.html, 1994.
NORSOK, "Design of Steel Structures," Standards Norway, N-004, Lysaker, Norway, 2004.

Office of the California State Fire Marshal, "1993 Hazardous Liquid Pipeline Assessment," 1993.
OGP(Oil & Gas Producers), "OGP Risk Assessment Data Directory-Storage Incident Frequencies," Report No. 434-3, March 2010.
OREDA, "Offshore Reliability Data, 4th Ed.," SINTEF, 2002.
OSHA, (Occupational Safety and Health Administration) "The Phillips 66 Company-Houston Chemical Complex Explosion and Fire: Implications for Safety and Health in the Petrochemical Industry," Department of Labor, Occupational Safety and Health Administration, A Report to the President. April 1990.
Oswald, C. J., and Baker, Q. A., "Vulnerability Model for Occupants of Blast Damaged Buildings," 34th Annual Loss Prevention Symposium, March, 2000.

Pitblado, R., et al, "Quantitative Assessment of Process Safety Programs," Plant/Operations Progress, July 1990.

Pitblado, R., "Risk assessment in the process industries," 2nd ed., Institution of Chemical Engineers, Rugby, U. K., 1996.

Pitblado, R., Spitzenberger, C., Litland, K., "Modification of Risk using Barrier Methodology," AIChE Spring Meeting, San Antonio, 2010.

Rasmussen, N. C., "Reactor Safety Study: An Assessment of Accident Risk in U. S. Nuclear Power Plant," WASH-1400, NUREG 75. 014, U. S. Nuclear Regulatory Commission, 1975.

Sadèe, C, D. E. Samuels, and T. P. O'Brien. 1976/1977. "The characteristics of the explosion ofcyclohexane at the Nypro (U. K.) Flixborough plant on June 1st 1974." J. Occ. Accid. 1: 203-235.

Smith, T. A. and R. G. Warwick, "A Survey of Defects in Pressure Vessels in the UK for the Period 1962-1978 and its Relevance to Nuclear Primary Circuits," Inst. J. Pres. Ves. Piping, 2, 1981.

Spencer andRew, "Ignition probability of flammable gases," HSE Research Report 146, 1997.

SPFE, (Society of Fire Protection Engineers), *SPFE Handbook of Fire Protection Engineering*, 4*th Ed.*, 2008.

Swain, A. D. and H. E. Guttmann, "Handbook of Human Reliability Analysis with Emphasis on Nuclear Power Plant Applications, NUREG/CR-1278," U. S. Nuclear Regulatory Commission, 1983.

Taylor, J. R., *Risk Analysis for Process Plant*, *Pipelines and Transport*. E&FN Spon, London. ISBN 0-419-19090-2, 1994.

Thomas, H. M., *Pipe and Vessel Failure Probability*, Reliability Engineering, Vol. 2 (1981), 83-124.

TNO Green Book, prepared for the Committee for the Prevention of Disasters, *Methods for the determination of possible damage to people and objects resulting from release of hazardous materials*, *CPR*16*E*. SDU, The Hague, 1992.

TNO Red Book, prepared for the Committee for the Prevention of Disasters, *Methods for determining and processing probabilities*, *CPR*12*E*. SDU, The Hague, 1997.

TNO Purple Book, prepared for the Committee for the Prevention of Disasters, *Guidelines for quantitative risk assessment*, *CPR*18*E*. SDU, The Hague, 2005.

UFC (Unified Facilities Criteria), *Design and Analysis of Hardened Structures to Conventional Weapons Effects*, UFC 3-340-02, 1 June 2002.

UKOOA, *Ignition probability review*, *model development and look-up correlations*, Energy Institute, London, 2006.

U. S. Army, *Structures to Resist the Effects of Accidental Explosion*, TM 5 - 1300, NAVFAC P - 397, AFM88 - 22. NJ: U. S. Army Armament Research, Development, andEngineering Center, Armament Engineering Directorate, Picatinny Arsenal, 1991.

U. S. Army Corps of Engineers, *Single Degree of Freedom Structural Response Limits for Antiterrorism and Force Protection Design*, PDC TR 06-08, 2006.

U. S. Nuclear Regulatory Commission. *Fault Tree Handbook*, *NUREG*-0492.

U. S. Government Printing Office, 1981.

U. S. Department of Defense, "Procedures for Performing a Failure Mode, Effects and Criticality Analysis, MIL-STD-1629A", 1974.

U. S. Department of Transportation, "Traffic Safety Facts 2002," available at http://www.dot.gov/.

Wilson, D. J., Zelt, B. W., "The influence of non-linear human response to toxic gases on the protection afforded by sheltering-in-place," OECD/UNEP Workshop on Emergency Preparedness and Response, Boston, MA, May 7-10, 1990.

Wilson, D. J., "Do leaky buildings provide effective shelter?" Proceedings 10th Annual Conference on Major Industrial Accidents, Council ofCanada, Edmonton, Alberta, Nov. 4-7, 1996.

Withers, R. M. J. and Lees, F. P., "The assessment of major hazards: The lethal toxicity of chlorine," Part 2, Model of toxicity to man. J. Hazardous Materials, 12, pp 283-302, 1985.

索 引